なぜ酔っ払うと酒がうまいのか

肝臓専門医 浅部伸一 監修
葉石かおり 著

日経BP

はじめに

「くぅー、うまい」

初めて口にするわけでもないのに、酒を飲むたび、しみじみ「うまい」と思う。酒好きにとってはごく当たり前のことかもしれない。

だが、ここにきて「はて、何で酒をうまいと感じるのだろう?」と思うようになった。なぜなら、「アルコールは健康に良くない」というニュースが頻繁に流れてくるからだ。

かつては「酒は百薬の長」と言われ、「全く飲まないよりも、ほどほどに飲んだほうが健康に良い」というのが常識だった。我々酒好きもそれを免罪符にして、罪悪感なしに酒を飲んでいた。ところが、である。２０１８年、英国の権威ある医学雑誌『Ｌａｎｃｅｔ《ランセット》』において、「酒は少量でもリスクがある」という、酒好きにとっては実にありがたくない論文が発表されたのだ。その後も酒が体に及ぼす悪影響についての研究結果が次々明らかにされ、世の中の酒好きたちは「そんな話、ミミタコだよ」とうんざりしている。

酒ジャーナリストという仕事柄、筆者もそうした記事を書くことがある。心の中では「そんなに体に悪いんだったら、いっそのことマズけりゃいいのに」と思いながらキーボードを打っている。酒がマズかったら、わざわざ飲まない。うまいから、つい手が伸びてしまうのだ。「うまいものを飲んで何が悪い！ 酒を悪者にするな！」と、1人パソコン前で逆ギレする日も少なくない。

だが、酒好きの思いとは裏腹にアルコールの消費量は年々減り、あえてお酒を飲まない選択をする「ソバーキュリアス」なるライフスタイルも登場。酒を全く飲まない若者も増え、「飲みニケーション」という言葉も今や死語になりつつある。

海外でも英国では伝統的なパブでノンアルコールビールが置かれるようになったり、米国では酒売り場の棚に機能性ドリンクが置かれるようになったりしているらしい。

もしやこのまま、社会の中で「飲酒は悪。アルコールは毒」という認識が広まっていくのだろうか？

しかし、もし酒が毒というのならば、なぜ「うまい」と感じるのだろう？ 私たち人間には、体を守るため毒となる物質を「まずい」「危険だ」と感じる機能が備わっているはずだ。それなのにどうして酒だけを、こんなに「うまい」と感じてしまうのか不思議でならない。

　そしてもう1つ疑問なのは、なぜ人は飲むと酔っ払うのかということだ。脳の前頭葉の機能が低下し、理性も吹き飛び、行動に歯止めがきかなくなりがちな「酔い」は、ときに命の危険を伴う。それなのに、なぜ私たちは酒を欲してしまうのだろう？

　筆者は、こうしたいくつかの疑問を抱え、医師や研究者などの専門家22人に、世の酒好きを代表して話を聞きに行った。そして取材を通して明らかになったのは、さまざまな最新の科学的な調査・研究から浮かび上がった、酒と人体に関する「深いつながり」だった。

　本書を読まれた方が酒に関する健康不安を払拭し、心から酒を楽しんでもらえるようになれば本望である。

酒ジャーナリスト　葉石かおり

なぜ酔っ払うと酒がうまいのか

もくじ

カバーイラスト　宮田ナノ
本文イラスト　内山弘隆
初出　日経Gooday
https://gooday.nikkei.co.jp/

第1章

体に悪いはずの酒が「うまい」と感じる科学的な理由

酒のうまさの正体

ユーロフィンQKEN
マネージャー
肥田崇

「おいしい」と感じる理由を科学的に分析

酒を飲んで思わず漏れる「くぅ〜〜〜」という声。これは「おいしい」という気持ちの表れだ。特に仕事で大きなプロジェクトを終えた後は、いつにも増して酒がおいしい。最近はノンアルコール飲料や微アルコール飲料も各段においしくなったが、やっぱり酒飲みとしては普通の酒がいい。何というかこう、「飲んでる」という満足感が違うのだ。

しかし、今さらだが、人はなぜ酒を「**おいしい**」と思うのだろう？　飲み始めた頃は「苦い」としか思わなかったビールも、ベテラン酒飲みになった今では心底「うまい」と感じる。

一方で、「酒がこんなにうまくなければいいのに」と思うことが、最近はある。なぜなら、「**アルコールは健康に悪い**」というニュースが、頻繁に流れてくるからだ。かつては、「酒は百薬の長」などといって、「ほどほどに飲む分には健康に良い」というのが常識だった。ところが今は、「少量でも体に悪い」という研究結果が次々と明らかになり、世の酒好きたちをうんざりさせている。

我々が酒を飲むのは、うまいと感じるから。マズければわざわざ飲まない。うまいものを飲んで、何が悪いのだ！　と言いたくなってしまう。

そこで、酒はなぜうまいのかという根本的な問いを、酒を含むさまざまな食品の味を分析している企業であるユーロフィンＱＫＥＮ（旧・キューサイ分析研究所）のおいしさコンサルティンググループのマネージャーである肥田崇氏にぶつけてみた。

酒の味といえば、ワインのソムリエのように、人間の舌で評価するのが普通だ。筆者も日本酒とつまみの相性を評価するテイスターを担当することがある。

「私たちは、味覚、視覚、嗅覚などの五感を使ったいわゆる官能評価も行っています。ただ、我々の検査の特徴としては、**『味認識装置』**を用いて味を数値化することにあります。この装置は、もともとは九州大学と電子機器メーカーのアンリツとの共同研究から生まれたものです。人間の舌に近いメカニズムのセンサーを利用し、**酸味、塩味、うま味、苦味、渋味**などを数値化することができます」（肥田氏）

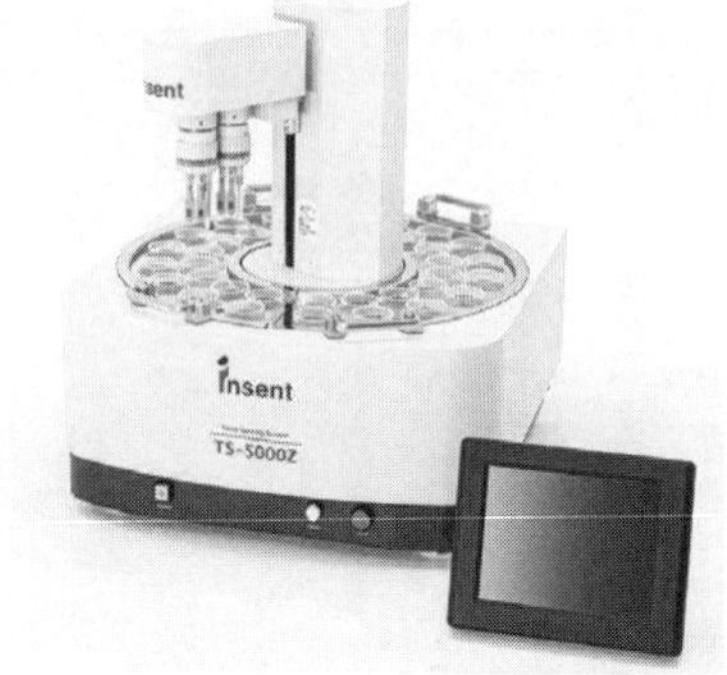

ユーロフィンQKENで利用している「味認識装置 TS-5000Z」
（インテリジェントセンサーテクノロジー製）

なるほど。味を数値化すれば、人の感覚に頼らない客観的な評価ができる。そもそも、どのようにして人は酒をおいしいと感じるのだろうか。

「人が『おいしい』と感じる味覚には、五味といわれる甘味、酸味、塩味、うま味、苦味のほか、渋味と辛味も関わってくると考えられます。後者の2つは味覚というより触覚や痛覚の要素が強く、いってみれば『刺激』に近いものでしょう。これらがどれぐらい含まれているかということが、食品の味の基本だと言えます」（肥田氏）

心身のコンディションで酒の味が変わる

酒のどのような成分がおいしいと感じるのかを科学的に分析すれば、よりおいしい酒を生み出すことも可能になる。だが、多くの酒飲みが感じているように、酒の味ほど奥深いものはなく、同じ酒でも味の感じ方が違うときがある。つまり、あるときはすごくおいしいと感じるのに、またあるときはイマイチだったりするのだ。この点についてはどうだろう。

「一般的に、食品の味は、それに含まれる成分に加え、その食品を味わうときの『条件』にも影響を受けます。代表的なものとしては、**生理的な条件、精神的な条件、習慣的な条件**の3つです」（肥田氏）

確かに心身のコンディションによって、味の感じ方は変わってくる。筆者もテイスティングの仕事をする際は、数日前から酒や刺激物を抜き、体調を万全にしている。

「人間の感覚は繊細です。味の感じ方に影響を与える生理的な条件の例としては、人は**空腹だと甘いもの（糖分）を欲します**。お腹がすいているとき、カルピスサワーやマンゴーのカクテルといった甘いお酒を飲むとホッとしますよね。また**体が疲れているときは酸っぱいもの（酸味）が欲しくなる**傾向にあります。レモンサワー、梅干しサワーなどはその代表格です」（肥田氏）

これは思い当たる節がある人も多いのではないだろうか。筆者の場合、普段は1杯目はハイボールが定番だが、空腹時は、はちみつ入りのゆずサワーやフルーティなスパークリング清酒が恋しくなる。また、真夏のホットヨガの後や仕事でくたくたのときは、思わず口をすぼめたくなるほど酸っぱい梅干しサワーが飲みたいと思う。いつも選ばないような酒を飲みたいと思うのは、何かしら体調に変化があるからかもしれない。

ストレスがあると苦い酒が飲みたくなる

そして体調面だけでなく、意外にも影響が大きいのが精神的な条件だ。

「**ストレスがたまると、人は苦味を感じにくくなり、苦味を欲する**と言われています。コーヒーに関しては、日本人は深煎りの苦くて濃いものを好む傾向にあります。イタリア人はエスプレッソにたっぷりの砂糖を入れますが、日本人は砂糖を入れずに飲んだりしますよね。それだけストレスがたまっている人が多いのかもしれません。ストレスがあると、ビールや、レモンサワーでも果皮の入った苦味のあるものをおいしいと感じやすいでしょう。コーヒー豆を焼酎で漬けたコーヒー焼酎、熟成を重ねた紹興酒などもそうかもしれません」（肥田氏）

肥田氏によると、「果皮入りの苦味のあるレモンサワーは男性が好む傾向がある」という。

「科学的な分析からいうと、苦味は深みや奥行きを演出する重要な要素です。わざわざ苦味や渋味をプラスして高級感を出すフルーツゼリーもあります。苦味を加えることで味が立体的になり、味わい深くなると感じるからです」（肥田氏）

確かに、ただ甘いだけの酒よりも、苦味や渋味など、味が幾重もの層になっているような酒は深みを感じる。「甘ければいい」というものではないのだ。

また、精神的な条件では、こんなことも影響するという。

「お酒に詳しい専門家や、グルメで有名な芸能人から『このお酒がお勧めですよ』と言われると、おいしく感じると考えられています。ＣＭの効果も大きいですよね。**日本人はそういったプロモーションの影響を受けやすい**傾向にあるのではないでしょうか」（肥田氏）

確かに一流のソムリエからワインを勧められたら、それほど高価ではなくても「ソムリエが勧めるんだから間違いない」と思って飲むこともあり、おいしさがアップするような気がする。素直な人は、特にその傾向が強いのではないだろうか。

失敗したくないから「最初はビール」

先ほどの3つの条件のうち、習慣的な条件とはどのようなものだろうか。

「これは、**飲み慣れているお酒は失敗がない**し、自分の味覚にも合っているはずだから、間違いなくおいしいと感じる、ということです。それに、『これを飲まないと1日が終わらない』とか、『サウナの後はビール』といったように、自分の行動と結びつけて定番化していると、やはりおいしく感じます。人は行動する際、『冒険して失敗したくない』というバイアスが働きます。そのため、いつも飲んでいるお酒を選びがちで、それをおいしいと思う傾向にあります」（肥田氏）

「**最初はビール**」こそが、習慣化の1つだ。選択肢が多くなった今でこそ、最初にハイボールやレモンサワーを頼む人が増えたが、一昔前は「最初はビール」が常套句だった。「いつも飲んでいる酒なら間違いない」という安心感も手伝ってか、素直においしいと思う。その日1杯目に飲む酒は、酒飲みにとってはかけがえのないもの。「失敗したくない」と思うのは当然とも言える。

「毒の味」だからうまいのか？

ユーロフィンＱＫＥＮ
マネージャー
肥田崇

キンキンに冷えたラガービールがうまい理由

人が酒を飲んで「おいしい」と思うのには科学的な根拠がある。これまでは深く考えることなく、感覚的にただ「おいしい」と思っていたが、心身のコンディションによって味の感じ方が変わったり、飲みたいと思う酒が変わったりするのも実に興味深い。

例えばストレスがあると体は苦味を欲するのだが、これを書いている今日は朝から「レモンサワーが飲みたい」と思っているので、相当ストレスがたまっているのだろう。

酒の特徴として、温度によって味の感じ方が変わるというのがある。言わずもがなだが、ラガービールは冷えているほうがおいしいし、赤ワインは常温で飲むべきだ。なぜ、酒の種類によって「適温」というものがあるのだろう？

食品の味を専用の装置で分析している企業であるユーロフィンＱＫＥＮのおいしさコン

サルティンググループのマネージャーである肥田崇氏は、こう解説する。

「温度帯によって変化しやすい味覚は、酸味、苦味、渋味などがあります。特に**酸味と苦味は温度が低いほど感じやすい**ので、レモンサワーやビールは冷やしたほうがいいでしょう。また、苦味や渋味があるものは**冷やすと爽快感、キレが増します**。ホップの苦味が効いたキンキンに冷えたラガービールをおいしいと感じるのは、そのためです」（肥田氏）

これは実体験からもよく分かる。生ぬるいレモンサワーやラガービールを想像すると、全く心が動かない……。また、酸味の強い白ワインでも同じことが言える。肥田氏によると、「酸味は閾値《いきち》が低く、温度が低くても感じやすい」という。

「人間や動物にとって、酸っぱい香りは**『腐敗臭』**を意味します。酸っぱい味は、それが腐っているサインでしょう。それゆえに低い温度でも、感じやすいのです。これは進化の過程でそうなったと考えられます」（肥田氏）

確かに、腐ったものを口にしては体のダメージが大きい。そのため、温度が低くても酸っぱい味を感じやすいことは理にかなっている。そしてこれは、苦味にも当てはまる。

「本来、苦味は〝毒の味〟とされ、人間以外の動物は決して口にしません。ではなぜ、人間は苦味のあるビールを好んで飲むのかというと、先ほども言ったように温度帯が関係しており、キンキンに冷やすと雑味ととられがちな苦味や渋味がキレや喉越しの良さに変換され、さらには炭酸の爽快感が加わって、おいしいと感じるんですね。経験値が高まれば高まるほど、苦味の魅力が分かるようになります。私自身も、昔はビールの苦味が苦手でしたが、今では晩酌に欠かせないものになっています」（肥田氏）

確かに、最初にビールを飲んだときは「何でこんな苦い飲み物を、おいしいと思うんだろう？」と疑問を抱いていたが、年を重ねると、その苦味こそ「おいしい」と感じるようになった。特に喉越しのいい日本のビールは、冷やすとさらに爽快感が増していい。

香りを味わうなら10℃前後で

さて、冷えるとよりおいしくなる酒がある一方で、**常温**でおいしいお酒もある。**赤ワイン**がその代表だ。

「赤ワインは、日本酒などと比較すると、含まれる味覚に関する成分の種類や含有量がそれほど多くないという特徴があり、常温で飲んだほうが**奥行きがあるように感じます**。その上、赤ワインに特有の酸味や苦味、渋味が低温だと強く感じられ、赤ワインのコク深い味わいをしっかり楽しめない可能性があります。また、**エールビールのように香りを楽しむお酒**も常温が向きます。香りは温度が高いほうが揮発しやすいからです。メーカーでも推奨温度を10℃前後にしているところが多いですよね。エールビールをラガービールのようにキンキンに冷やしてしまうと、最大の魅力である豊かな香りとうま味が半減してしまいます。特に甘い香りは、温度が高いと感じやすい傾向にあります」（肥田氏）

そういえば、クラフトビールメーカーであるヤッホーブルーイングの主力製品「よなよなエール」の推奨温度は、13℃だ。日本酒や焼酎のテイスティングにしても、冷やした状態ではなく、必ず常温で行う。これは適温というよりも、酒に含まれる繊細な香りを、余すことなくキャッチするためだ。

酒の味わいには、味覚の成分だけでなく、香りも大きく影響する。このことを知っておくと、よりおいしく飲むために温度の管理が大切であることが理解できる。

「腐ったもの」や「毒」の味がなぜうまい？

繰り返しになるが、体が疲れているときは酸っぱい酒が飲みたくなり、ストレスがたまっているときは苦い酒が飲みたくなる。酸味や苦味は、本来は「腐ったもの」や「毒」の味なのだが、なぜ我々はそれらを喜んで飲んでいるのだろう？

いや、もちろん、酒に酸味や苦味があるとはいえ、少量だからこそ、おいしく飲めているのだろう。酸味や苦味の成分が大量に含まれていたら、さすがに飲めないに違いない。

「お酒に限らず、酸味や苦味が含まれる食品をなぜ人間はおいしいと感じるのか。まず考えられるのは、味覚が成長によって低下するため、これまでの味や刺激ではもの足りなくなり、さらなる味や刺激を欲するようになるからでは、ということです。味を変化させるといっても、塩味や甘味などだけ変化させても飽きてしまうため、酸味や苦味を少しずつ加えて味の変化のバリエーションを増やしたのではないでしょうか。こうした経験によっておいしいと感じることで、さらに味の変化を楽しもうという意欲が湧き、嗜好《しこう》が変わってくると考えられます」（肥田氏）

そういえば、日本酒を作る杜氏たちも、「酸味や苦味は少量だとアクセントになる」と言っていた。基本的に、酸味や苦味は「オフフレーバー」と呼ばれ、日本酒の鑑評会ではマイナスポイントになりがち。しかし、これらが全くないとフラットな味になり、印象に残らない酒になってしまう。さじ加減が難しいのだが、腕のいい杜氏はこれらのオフフレーバーを巧みに使い、おいしい日本酒を醸している。

また、昨今、「酒は毒」などといわれているが、これは長期にわたって多くの酒を飲み続けると、摂取したアルコールなどの影響によって病気のリスクが上がるということであるはずだ。酸味や苦味を伴った体にとって悪い成分が「毒」になるという意味ではないだろう。

「食品に酸味や苦味が含まれるといっても、その成分量はほんのわずかです。人によって加減は異なりますが、苦味や酸味を不快と感じるか否かが適切な量の基準となります。最近、辛い料理が人気ですが、その辛さがおいしいと感じるレベルも人によってさまざまであるのと同じですね。苦味は甘味に対して1000倍も感度が高いと言われていますので、食品に含まれる濃度はごく少量でいいと考えられます」(肥田氏)

酔っ払うと舌が疲れてくる

酒好きとしては常に「酒を最大限おいしく飲みたい」と思う。だが杯を重ね、酔いが回ってくると、味覚が鈍くなったような感じがしてならない。

「酔うと味覚が鈍り、味が感じにくくなるのは事実です。酔うことで舌の表面にある**味蕾**《みらい》**が疲弊する**からです。ワインなどをテイスティングする際、飲まずに吐き出すのは、なるべく酔わないようにするためです」（肥田氏）

吐き出しても日に数十種類の酒をテイスティングすると、さすがに最後のほうは味蕾が疲れてくるのか、味が分かりにくくなるのを実感する。酒のおいしさをじっくり堪能したいのなら、ほろ酔いくらいにとどめたほうがいいのだろう。

とはいえ、頭では分かっていても、つい飲み過ぎてしまう。「おいしい」とはっきり分かるのは、意識が明瞭な最初のほうだけ。あとは惰性で飲んでしまうことも少なくない。惰性で飲んでしまうのも、肥田氏のいうように、「習慣」の影響なのかもしれない。いつものように酔っ払うのが楽しくて、飲み続けるのだろう。だが、味が分からなくなるほど飲むのも、我ながら情けない。やはり、きちんと味わって飲む酒飲みを目指したい。

脳と酒の不思議な相性

生理学研究所
名誉教授
柿木隆介

アルコールは脳の関門を突破する

最初の1杯はまだ理性がある。だがすぐに酔っ払い、歯止めが利かなくなる。そうしてまた飲み過ぎてしまう……。

それだけではない、酔っ払うことで記憶をなくしたり、普段はやらないような奇行をやらかしてしまったりした経験が、酒飲みなら誰しもあるだろう。ひどいときには、暴言を吐いたり、暴力を振るったりしてしまうことすらある。

なぜそんなことをやらかしてしまうのかというと、**酔っ払うことで脳の機能が低下する**からだ。普段はそんな愚行を犯さないよう脳が言動を抑制しているわけだが、お酒が入ってくるとコントロールが利かなくなってくるのだ。

つまり、アルコールは脳に影響を与えるのである。だからこそ、酔っ払って陽気な気分になり、楽しくなって一緒に飲む人と打ち解けたりするのだ。

臨床脳研究の第一人者、自然科学研究機構生理学研究所の名誉教授で医学博士の柿木隆介氏によると、「脳とアルコールは、**不思議なほど相性が良い**」という。いったいどういうことだろうか。

「脳には**血液脳関門**（ブラッド・ブレイン・バリア）と呼ばれる〝脳の門番〟があり、脳にとって有害な物質をブロックしています。そのため、分子量500以下の低分子の物質や、脂溶性の物質に限って血液脳関門を通過することができます。アルコールは、この2つの条件を満たしている（エタノールの分子量は46・07）ので、やすやすと脳に到達できるのです」（柿木氏）

血液脳関門は、脳の毛細血管によって構成され、内皮細胞が密着して結合していることなどにより、血液から脳の組織へ物質の移動を制限する機能を担っている。分子サイズが小さく、かつ油に溶けやすい物質だけがその関門を突破することができるというわけだ。

「アルコールは胃と腸で吸収された後、血液を介してあっという間に脳に届きます。そして、いとも簡単に血液脳関門を通り抜けてしまうのです。この事実を知ると、酒好きの方は、脳はアルコールを**歓迎しているのではないか**と思ってしまいますよね。神様のギフト

か、悪魔のギフトなのか分かりませんが（笑）」（柿木氏）

確かに、酒好きには脳がアルコールを歓迎しているとしか考えられない。酒は脳にとって「神様のギフト」だと言ってしまいたくなる。

「血液脳関門は、非常に強力なバリアです。アルコールが脳にとって有害なものであるのなら、進化の過程でアルコールが血液脳関門を通れなくなってもおかしくないですよね。脳は体にとって最も大切な臓器の1つであり、全身の調節を24時間行っているところ。そんな脳がアルコールを受け入れているということは、アルコールは脳にとって毒ではないのでは、と考察できるのです」（柿木氏）

「いいぞ、いいぞ」という声が酒飲みから聞こえてきそうである。

前頭葉、海馬、小脳に現れる影響

それでは、アルコールが脳に到達すると、脳にはどのような影響があるのだろうか。

「アルコールによる影響が出やすいのは、脳の中でも**前頭葉、海馬、小脳**の3つ。このうち、最初に影響を受けるのは前頭葉です。前頭葉は理性を司っている部位で、お酒が進む

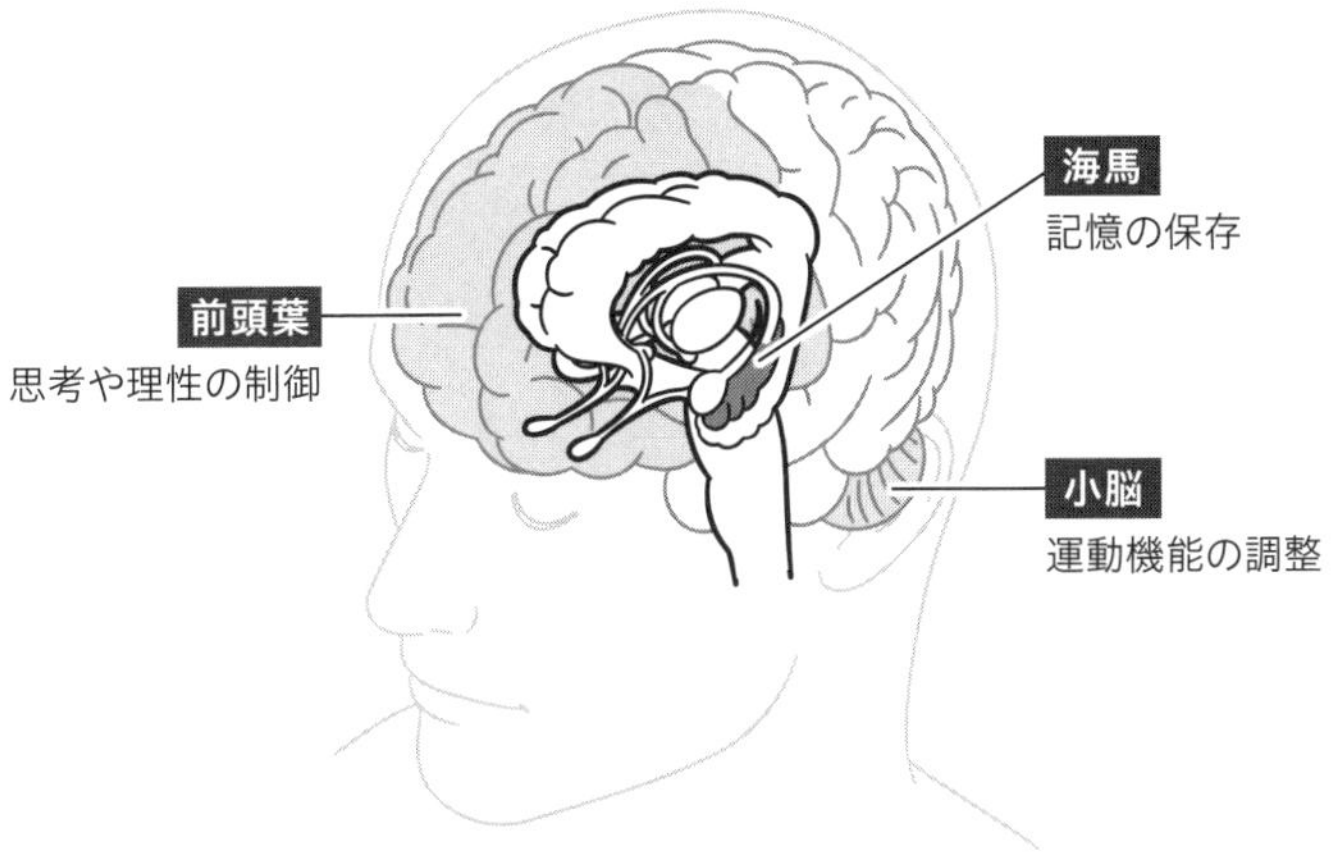

アルコールの影響を受けやすい「前頭葉」「小脳」「海馬」

と、日ごろ理性でこり固まった前頭葉が解放されていくわけです。もし脳自体がアルコールを欲しているのであれば、脳は実は前頭葉を解放したいのではないか、なんて思ってしまいますね」（柿木氏）

最初にアルコールの影響を受けるのが前頭葉と聞くと、つい飲み過ぎてしまうのも合点がいく。「これ以上飲んだらよくない」という自制心がなくなり、酒を大量に飲んでしまうのである。

「前頭葉に続いて、記憶を司る海馬、運動機能を司る小脳の順番にアルコールの影響を受けます。飲み過ぎて記憶がなくなると不安になりますが、記憶がなくなるのは海馬が一時的にお休みしているだけです。つまりアルコールによる記憶喪失は一時的で、時間がたてば元に戻ります。そういう意味では筋肉痛みたいなものなのです」（柿木氏）

働き者の脳だって、たまには休みたい。思い切り解放され、リラックスもしたいだろう。脳はそんな理由からアルコールを欲しているのではないか、と勝手に思った。

「アルコールを飲むと、快楽を司る脳内ホルモンである『**ドーパミン**』が多量に分泌され、リラックスしたときに出る脳波の『**アルファ波**』が多く出ます。だから、適度に酔っ払うと気持ちがいいし、疲れも取れる。これは脳にとっても心地よい状態なのかもしれません」（柿木氏）

脳がアルコールを欲しているというのは本当かもしれない、と思えてきた。柿木氏は、「人間は進化の過程でアルコールの分解能力まで備えたのですから、アルコールは人間、とりわけ脳にとって、好ましいものなのではないか、と1人の酒好きとしては思いますね」と話す。

赤ちょうちんを見ると酒が飲みたくなるのも、天気がいいとビールが恋しくなるのも、全て意味があるのではないだろうか。

ほろ酔いから酩酊、そして泥酔へ

爽快期（血中アルコール濃度 20〜40mg/dL）
症状 陽気になる、皮膚が赤くなる

ほろ酔い期（血中アルコール濃度 50〜100mg/dL）
症状 ほろ酔い気分、手の動きが活発になる

酩酊初期（血中アルコール濃度 110〜150mg/dL）
症状 気が大きくなる、立てばふらつく

酩酊極期（血中アルコール濃度 160〜300mg/dL）
症状 何度も同じことをしゃべる、千鳥足

泥酔期（血中アルコール濃度 310〜400mg/dL）
症状 意識がはっきりしない、立てない

昏睡期（血中アルコール濃度 410mg/dL 以上）
症状 揺り起こしても起きない、呼吸抑制から死亡に至る

出典：厚生労働省 e-ヘルスネット（＊1）

ほろ酔いから酩酊、そして泥酔へ

脳がアルコールを欲しているといっても、大量に飲んでもいいわけではない。ものには必ず限度がある。

大量の酒を飲んで「**血中アルコール濃度**」が急上昇すると、脳に大きな影響が出て、それが全身に波及する。

アルコールが前頭葉に影響を与えて、ほろ酔い気分になったり、陽気になったりしているうちはまだいい。小脳に影響が出てくると、今度は、ふらついたり、千鳥足になったりしてくる。そして、さらに進むと意識がなくなり、最悪の場合、死に至ってしまう。

急性アルコール中毒にならないよう気を付

けるのはもちろん、アルコールの分解能力が低い人は血中アルコール濃度が上がりやすいので注意が必要だ。

「短時間に大量のお酒を飲み過ぎないようにすることに加えて、習慣的に飲み過ぎて、肝臓にダメージが生じ、がんなどの病気のリスクも上がることも注意しなければなりません。習慣的な飲酒が動脈硬化や糖尿病などのリスクになり、それらがやがてアルツハイマー型認知症や脳血管性認知症につながる恐れもあります」(柿木氏)

もし脳が欲しているのだとしても、欲するままに酒を飲み続けてはいけない。楽しく陽気に飲める程度でとどめられれば、それに越したことはない。

味の決め手はどこにある？

ユーロフィンＱＫＥＮ
マネージャー
肥田崇

日本酒は豊富なアミノ酸が味を作る

酒が「おいしい」と感じるのには、さまざまな条件が関わっている。飲み会で「最初はビール」と頼んでしまうのは、その日1杯目に飲む酒は「冒険して失敗したくない」というバイアスが働いて、飲み慣れているものをおいしいと感じるからだ。

そして、飲み進めていくと脳がアルコールによって影響を受け、自制心が低下し、次々と杯を空けてしまう。そのときに、どんな種類の酒を好んで飲むのかは、個人の嗜好によるわけだが、酒飲みたるもの、ただ漫然と同じものを飲み続けているだけではつまらない。それでは人生がつまらなくなってしまう。

そこで知っておきたいのが、酒の種類によってどんな成分がその味を決めるのか、ということだ。酒の味は、それに含まれる成分によって決まる。これを知れば、どのように飲めばその酒を最大限味わうことができるかが見えてくるし、飲み会でウンチクとして披露できる。

食品の味を科学的に分析するユーロフィンQKENの肥田崇氏に、まずは**日本酒**の味の決め手となる成分について教えてもらおう。

「日本酒には多種多様な成分が含まれていますが、特筆すべきは**アミノ酸**です。一口にアミノ酸と言っても**うま味、苦味、酸味**を形成するものがあり、それらが複雑に絡み合い、あの特有の味を作り出しています。日本酒のアミノ酸の含有量は、白ワインの約10倍と言われています。**糖**もまたおいしいと感じる成分の1つ。日本酒の糖の種類はナチュラルな甘さのグルコースのほか、最も甘いフルクトース、ほどよい甘さのスクロースなどがあります」（肥田氏）

冷やして甘いと感じる日本酒は、フルクトースの含有量が高い傾向にあるという。フルクトースはフルーツに多く含まれる糖で、フルーツを冷やすと甘く感じるのはそのためなのだ。

【日本酒】
アミノ酸が複雑に絡み合う

「フルーティな日本酒が、常温よりも冷やしたほうがおいしいのも同様の理由です。ただ日本酒の場合は、苦味や渋味なども含まれている立体的な味なので、冷えたものを飲むときも、時間の経過とともに起こる温度の変化による味の変化を楽しんでほしいですね」（肥田氏）

日本酒好きなら納得の説明である。「ただし香りをより楽しみたい場合は、温度が低すぎないほうがいい」と肥田氏。香りは温度が高いほうが、香気成分が揮発しやすいからだ。確かにテイスティングやコンペティションの際、日本酒は全て常温で試飲する。これも香りをしっかり嗅ぐためだ。

【ビール】
冷やすと苦みがキレに変わる

ビールは苦味、渋味、ミネラル感

お次は肥田氏も「最初の1杯」に選んでいるビールだ。ビールをキンキンに冷やすと、苦味や渋味を感じにくくなり、それらがキレや喉越しの良さに変換され、おいしいと感じられる。

「ビールの代表的な味覚は、**苦味、渋味、ミネラル感**などです。苦味や渋味は、もともとは雑味ととられがちなものですが、冷やすことでキレに変わり、さらには炭酸の爽快感が加わって、おいしいと感じられます。飲み慣れるほどに、ビールの苦味が欠かせなくなります。なお、ミネラル感とは、全体的な味の強度や味の際立ちのこと。ミネラル感が苦味や渋味の味わいを際立たせて強調すると推測されます」（肥田氏）

日常ではあまり使うことのない「ミネラル感」という言葉。硬水のミネラルウォーターの独特な重みや厚みのある味わいも、ミネラル感による効果の1つだ。

【ワイン】
有機酸が複雑に絡み合う

ワインは有機酸の酸味、タンニンの渋味

ではワインはどうなのだろうか。

「ワインは**酸味**（**有機酸**）、**渋味**（**タンニン**）、**苦味、ミネラル感**などによって味が構成されています。中でも酸味はワインの重要な要素です。日本酒のアミノ酸と同様に、有機酸にも多くの種類があり、代表的なものとして、酒石酸、リンゴ酸、

ワインに含まれる酸味（有機酸）の種類

酒石酸	少し渋みのある、わずかに刺激的な酸味
リンゴ酸	やや刺激性のある酸味で舌に残る。さわやかな印象が強い
クエン酸	苦味などはなく、刺激性を伴う酸味。クリアな酸味でレモンなどの柑橘系の印象が強い
コハク酸	苦味を伴うやや刺激性のある酸味
酢酸	刺激的な酸味が強く、薄めないと飲めない強度。食酢の味わいを感じる
乳酸	舌に刺さるような強い酸味だが、濃度を薄めるとソフトな口当たりになり、まろやかに感じる

クエン酸、コハク酸、酢酸、乳酸などがあります。これらの有機酸が複雑に絡み合い、各ワインの複雑な味を生み出します」（肥田氏）

酸味といっても、こんなに種類があるとは思わなかった。ほかの成分についても聞いてみよう。

「ワインでよく言われるところの渋味、余韻、深み、複雑さは、タンニンが関係しています。タンニンは植物由来のポリフェノールの一種で、赤だけでなく白ワインにも含まれています。ワインは色のイメージが味に与える影響が非常に強く、目隠しをして赤白を飲み比べた実験では、赤白を区別できなかった人が多かったという結果もあります。人は無意識のうちに先入観から味を決めつけてしま

う傾向があるのです」（肥田氏）
確かにワインは、「赤は渋味があって、重厚な味わい」という先入観をもって飲むことが多い。飲んでみて、いい意味で期待を裏切られると、そのワインの味や銘柄がずっと印象に残る。
ではワインでいうところの「甘口・辛口」は、どういった成分や味覚が関係しているのだろう？
「一般的に甘口といわれるワインを調べてみると、糖の量はそれほど多くはなく、原材料のぶどう由来の甘い香りが関係していると考えられます。一方で、ミネラル感が強いワインは辛口と判断される傾向にあります。ミネラル感が強いと苦味と渋味が強調され、それが喉へとカーッとした刺激を与え、辛口と感じるのです」（肥田氏）
甘い、辛いは糖の含有量だけで決まるものだとばかり思っていたが、そんな単純なものではないのだ。実はこれは日本酒でも言えること。糖の含有量は同じでも、酸度が高ければ辛いと感じ、低ければ甘いと感じる傾向にあるという。人の味覚は本当に複雑だ。

蒸留酒は香気成分がおいしさの決め手

それでは、蒸留酒についても教えてもらおう。

「蒸留酒のおいしさに関しては、味覚というよりも**香気成分**が大きな鍵を握っていると考えられています。本格焼酎や泡盛（乙類）は芋、黒糖、タイ米など、原材料によって香気成分が変わってきます。芋焼酎を例にとると、バラやゼラニウムにも含まれるβ-フェニルエチルアルコールという香り成分や、熟成期間を長くとった泡盛はバニラを思わせるバニリンが甘味を感じさせます」（肥田氏）

ごくたまに「焼酎は蒸留しちゃうから、何を飲んでも同じ」と言う人がいるが、とんでもない。同じ原材料でも造り方や貯蔵方法によって、味は全く違ってくる。ほかにも焼酎の代表的な香気成分には、「フーゼル油」がある。別名「焼酎の華」ともいわれ、香りやうま味のもとになるものだ。

では、同じ蒸留酒でもウイスキーのように樽熟成をマストとした酒は、何が決め手になるのだろう？

【蒸留酒】
原材料によって香気成分が変わる

「ウイスキーも焼酎同様、香りがおいしさの主役です。ウイスキーの場合、蒸留したものを何年もかけて樽熟成を行います。この過程で樽由来の香りがウイスキーに移り、時間の経過とともに香りが変化します。『ニューポット』といわれる蒸留仕立てのウイスキーは青々しい香りがしますが、貯蔵年数が長くなるとなくなり、脂肪酸などが変化してウイスキー特有の甘い香りを形成するのです」（肥田氏）

ウイスキーを貯蔵する樽の材質は、オークやナラなどさまざま。樽はそのまま使うのではなく、「チャー」と呼ばれる内側を焼く作業をしてから使われる。焼き加減によっても色合いや香りは変わってくる。またスモーキーな香りの元となる「ピート」（泥炭）の有無によっても大きく変化する。さらにはブレンドによって、重厚感のあるフレーバーになる。ウイスキーの香りは、時間、自然、人が生み出す稀有なものなのだ。

酒を飲むと脳が萎縮する

生理学研究所
名誉教授
柿木隆介

「ほどほど」の飲酒でも萎縮は進む

飲み過ぎて記憶がなくなった翌日、「あれ、昨日の飲み会でお金払ったっけ？」などと心配になる酒飲みは多い。コロナ禍が一段落し、久しぶりに会った方と深酒をした翌朝は、案の定そんな感じでスタートした。

リビングから玄関へ、点々と置き去りにしたアクセサリーや時計などを拾いながら、玄関を見てハッとした。昨日、履いていた靴がないのだ。

そして、ドアを開けてみると、そこにはなぜか脱いできれいにそろえられた靴が置いてあった。

久々のやらかしに自分でも大爆笑。しかし、その一方で、「靴を玄関の外に置き去りにしたことを覚えていないなんて、長年の飲酒で脳にダメージがあるのではないか」と不安になった。

臨床脳研究の第一人者で自然科学研究機構生理学研究所の名誉教授である柿木隆介氏によると、**「ほどほど」の飲酒でも習慣的に続けると脳が萎縮する**可能性があるという研究結果（＊2）が発表された。もしそれが本当なら、やはり筆者の脳も飲酒の影響で何らかのダメージを受けているのかもしれない……。

この研究では、英国の中高年3万6678人を対象に、脳のＭＲＩ（核磁気共鳴画像法）の画像を解析した結果、少量の飲酒、つまり1日に純アルコール換算で8～16g程度でも、習慣的な飲酒により脳が萎縮し、悪影響がある可能性が示唆されている。ビール1缶（350mL）が純アルコール換算14g程度であり、日本では1日20g程度が健康を害さない「適量」の飲酒だと言われているから、酒飲みにとって8～16gというのは、本当に「ほんの少し」の量なのだ。

「この研究の論文によると、確かに少量の飲酒を継続した人でも脳が萎縮していますが、肉眼で見てもほとんど分からない程度で、解剖学的には非常にわずかな萎縮です。研究方法は正しいと思います。しかし、ソフトウエアで解析した結果、萎縮していることが明らかになっているものの、認知機能にどの程度影響があったのかについては言及されていいま

せん」（柿木氏）

「肉眼では分からない程度の萎縮」と聞いて、ほんの少しだけ心が軽くなる。だが、わずかでも萎縮していることには変わりない。それにより、認知症のリスクが上がるのではないかと心配してしまう。

「繰り返しになりますが、論文では認知症のリスクがどのぐらい上がるかについては触れられていません。そもそも、お酒をたくさん飲む人の脳は、飲まない同年代の人の脳と比べて、10～20％ほど萎縮していることが多い、という研究は以前からありました。しかし、そういった研究でも、**アルコールによる脳の萎縮で認知症のリスクが大きく上がったとはいえなかった**。今回、少量飲酒でもわずかに脳が萎縮するということが明らかになったわけですが、やはり認知症のリスクが上がるとは考えにくいでしょう。このレベルの飲酒であれば何の問題もありません」（柿木氏）

柿木氏の力強い「何の問題もありません」という一言で、一気に不安が解消され、「よし、今夜も飲もう」と思うことができた。

「脳全体」の萎縮は認知機能に影響しない

我々のような酒飲みは、日常のちょっとした物忘れでも「アルコールによる認知症か？」と心配になってしまうのだが、その可能性は低いということか。だが、酒飲みが将来の認知症を全く心配しなくていいのかというと、そうではないだろう。アルコールと認知症の関係について、もっと詳しく知りたい。

「認知症とは、何らかの原因によって脳の認知機能が低下し、日常生活に支障が出る状態を指します。**アルツハイマー型、脳血管性、レビー小体型、前頭側頭型**などの種類があります。アルツハイマー型は、脳にアミロイドβなどのたんぱく質が異常に蓄積し、記憶を司る海馬を中心に萎縮が起きます。脳血管性は、脳梗塞やくも膜下出血などが原因で脳に障害が起きるもの。レビー小体型は、レビー小体というたんぱく質が脳に蓄積します。前頭側頭型は、理性を司る前頭葉と、言語を司る側頭葉が萎縮することで、認知症になります」（柿木氏）

つまり、アルツハイマー型認知症や前頭側頭型認知症などでも脳の萎縮が起きているわけだが、それらでは海馬や前頭葉、側頭葉など、脳の認知機能にとって〝要〟となる部位が萎縮している。それに対し、アルコールによる脳の萎縮は、「脳全体」に起きているのが特徴だという。

「アルコールの大量摂取が原因と考えられる『**アルコール性認知症**』もありますが、非常に限られたケースです。それも、飲酒で脳が萎縮したことで認知症になるのではなく、飲酒や塩辛いつまみを食べ続けたりすることで起こる『多発性脳梗塞』などの脳血管障害が主な原因です。肥満や血管性の病気もなく、ごく普通にお酒を飲んでいる人であれば、まずアルコール性の認知症にはならないと考えていいでしょう」（柿木氏）

多発性脳梗塞とは、脳内部の深いところにある細い血管が多発的に詰まることで発症する。高血圧や動脈硬化が背景にあるが、それらに飲酒が関係していると考えられるわけだ。また、肥満があると血圧も高くなりやすい。

このほか、飲み過ぎによる肝硬変や、同じく飲み過ぎで膵臓にダメージが起きることによる糖尿病なども、認知症につながる恐れがある。つまり、アルコール性の認知症というのは、いずれも飲酒が直接的な原因ではなく、間接的な原因なのである。

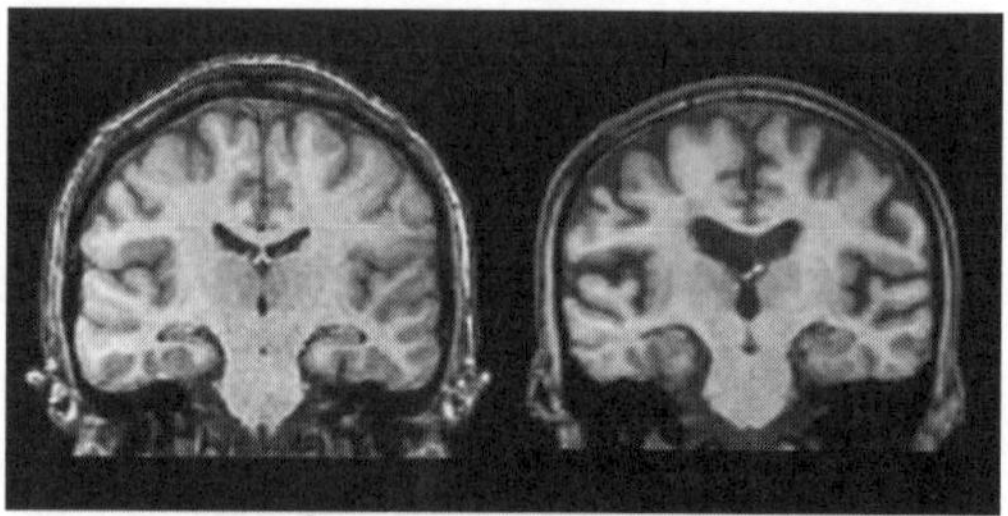

脳の萎縮は避けられない加齢現象の１つ。70代の脳を20代と比べれば、はっきりと萎縮していることが分かる

出典：健康長寿ネット（＊3）

そもそも加齢による萎縮は避けられない

柿木氏は、そもそも脳の萎縮は避けられない加齢現象の1つだと言う。年を取ると脳の神経細胞が死んでいき、それにより脳の萎縮が起きる。一般的には、30代くらいから脳の萎縮が少しずつ始まり、65歳を過ぎると、肉眼でも分かるほど萎縮が進んでいくという。

「飲酒はこの加齢による脳の萎縮を進めます。ＭＲＩの画像を見ると、年を取った人の脳では、脳脊髄液で満たされている側脳室《そくのうしつ》が大きくなっていることが分かります。これは脳全体が小さくなったことによって、側脳室が広がったことを示しています」（柿木氏）

アルコールが加齢による脳の萎縮を進めると聞いて、再びちょっと心配になってしまった。なぜ、アルコールによる脳の萎縮は、アルツハイマー型認知症などの脳の萎縮と違って、それほど問題を起こさないのだろうか。

「では、分かりやすい例えで説明しましょう。太い幹があって、たくさんの枝がついている『大きな桜の木』を想像してみてください。その桜の木が脳だとすると、アルコールによる脳の萎縮というのは、小さな枝がなくなった程度のことなのです。昔の写真と比べれば枝がなくなったことに気がつきますが、桜の木としては問題がなく、春になれば花が咲きます。一方で、アルツハイマー型認知症や脳血管性認知症は、桜の木の主要な部分に重大なダメージが発生しているのです」（柿木氏）

柿木氏によると、アルツハイマー型認知症は、桜の木の幹がいつの間にか空洞化しているようなものであり、脳血管性認知症は、強風によって桜の木の重要な太い枝がポッキリ折れてしまったようなものだという。これでは、いずれ木が枯れたり、倒れたりしてしまう。

なるほど。アルコールで脳が萎縮しても、しょせん「枝葉の部分」で、脳の機能には基本的に問題がなく、認知症のリスクにはつながらないことが多いのだ。酒飲みにとっては、今度こそ明るい兆しが見えてきたと言えよう。

間接的に認知症のリスクを上げる

それにしても、なぜアルコールで脳が萎縮しても、認知機能に対しては影響が小さくて済むのだろうか。そもそも、どんな仕組みで酒を飲むと脳が萎縮するのだろう？

「実は、どのようなメカニズムによってアルコールで脳が萎縮するのかは、まだよく分かっていないのです。ただ、飲酒によって、脳の重要な機能が損なわれるのではなく、脳が全体的に萎縮していくということが分かっています」（柿木氏）

なんと。仕組みが分かっていないというのは、ちょっと不思議な気もする。

「酒が直接的に認知症に結び付くわけではないので、安心してください。ちなみに、私も酒が好きですが、私の脳も萎縮していますよ（笑）。大酒飲みは、萎縮している人が多いと思います」（柿木氏）

安心したのもつかの間、柿木氏は「とはいえ、飲酒でさまざまな病気のリスクが上がらないよう注意しましょう」とクギを刺すのを忘れなかった。

「飲酒は、**動脈硬化や糖尿病**などのリスクを上げます。それらがやがて、アルツハイマー型認知症や脳血管性認知症につながる恐れもあります。つまり、アルコールが間接的に認知症の原因になる可能性はあるわけです。ですから、動脈硬化や糖尿病を引き起こすような、ムチャな飲酒はしないことです」（柿木氏）

アルコールによる脳の萎縮と認知症はイコールではないが、飲み過ぎて動脈硬化や糖尿病になると、そこから認知症につながる恐れがある。やはり、好きなだけ酒を飲んでいいというわけにはいかないのだ。

第2章

こうして「酒は健康に悪い」と言われるようになった

国が示したガイドライン

筑波大学
准教授
吉本尚

専門家が考えた「健康に配慮した飲酒」

2024年2月、酒飲みにとって、実に「ありがたくない」と思われるガイドラインがメディアを賑わした。

その名は「**健康に配慮した飲酒に関するガイドライン**」（以下、飲酒ガイドライン）。タイトルから想像できるように、酒と健康の関係や、適切な飲酒量の考え方を示した、厚生労働省による国内初のガイドラインなのだ（＊1）。

ガイドラインには強制力こそないものの、酒飲みにすれば「御触れ」。それでなくとも、最近は酒の害に関する耳の痛い研究報告が相次ぎ、酒を愛する人間にとって肩身が狭いのに、これではまるで真綿で首を締められているかのようだ。

内容をよく知らない酒飲みの間では、この飲酒ガイドラインは〝**令和の禁酒法**〟ではないのかという声も上がっていたほどだ。

果たして、実際はどうなのだろうか。飲酒ガイドラインの策定に専門家として携わった、筑波大学医学医療系准教授の吉本尚氏に疑問をぶつけてみた。

「厚生労働省が取りまとめた飲酒ガイドラインは、健康をなるべく損なわない飲酒の指標を示すものです。私のようなアルコール関連問題の専門家をはじめ、公衆衛生、栄養士、依存症の専門家、肝臓の専門医、看護師、臨床心理士、行動変容の専門家など、さまざまな分野の専門家によってその内容が検討されました。2022年10月から作成検討会が開かれ、2023年11月にガイドラインの案を公開し、パブリックコメントを募集し、2024年2月に完成版が公開されました」（吉本氏）

吉本氏の話を聞いて飲酒ガイドラインを落ち着いて読んでみると、飲酒による体への影響、飲酒量と健康リスクの関係などの解説が中心で、決して禁酒を強いる内容ではないことが分かる。

飲み過ぎによる社会的損失は4兆円超

それでは、なぜ国（厚生労働省）はこのようなガイドラインを策定したのだろうか？

「2010年にWHO（世界保健機関）で承認された『アルコールの有害な使用の低減のための世界戦略』がそもそものきっかけです。この戦略は、アルコールの有害な使用は健康面だけでなく、社会経済的発展との間にも深い関連があり、持続的な対策をとる必要がある、という考えに基づいています。実際、日本における飲み過ぎによる病気や事故、職場での労働損失などの社会的損失は、**年間4兆1483億円**になるという推計があります（厚生労働省研究班、2011年）。この金額は、実に酒税の3倍超です」（吉本氏）

アルコールによる社会的損失が年間で4兆円超とはすごい金額だ。酒税による国の収入の3倍もあるなんて、恥ずかしながら知らなかった……。

「タバコによる健康被害が表出するのは比較的遅く、仕事をリタイヤしてから出てくることが多いのですが、アルコールの場合は働き盛りの30～40代と早いうちに害が出ることもあります。働き盛りの人材を失うのは、国にとって大きな経済損失になりますからね。経済産業省が提唱し、従業員の健康管理を経営的な視点で考える『健康経営』の中にも、飲

酒量やアルコール依存症に関する項目があります」（吉本氏）
また、日本では次のような社会的背景も関係しているという。
「日本においては、2003年から継続してアルコール消費量の調査をしていますが、過度の飲酒は減っていないという結果があります。こと女性に至っては、飲酒量が増えています。国としては医療費が右肩上がりの中、適切な飲酒量などの知識を身に付けて、健康に留意してもらおうという狙いもあると言えます」（吉本氏）

「男性40g、女性20g」の意味

国としては、国民に飲酒量を減らし、健康保持に努めてもらいたいということか。

となると、気になるのがガイドラインにある「生活習慣病のリスクを高める飲酒量」として明記された「1日当たりの純アルコール摂取量が**男性40g以上、女性20g以上**」という箇所だ。つまり、男性なら1日に40g弱までなら飲んでもいいのだろうか。確かにこれまで厚生労働省が「節度ある適度な飲酒」としていたのは1日約20gだったはずだが……。

「やはりその数字に目が行きましたね（笑）。実は、その前後に、『飲酒量が少ないほど、飲酒によるリスクは少なくなるという報告もあります』『これらの量は個々人の許容量を示したものではありません』と書かれています。私はここがガイドラインで一番重要な部分だと思っています。数字が独り歩きしているきらいがありますが、**『飲酒量はなるべく少ないほうがいい』**とされる報告について記述されたのは画期的なことです」（吉本氏）

確かに、「少ないほどいい」「個々人の許容量ではない」という部分は思い切りすっ飛ばし、「男性は40ｇ、女性は20ｇ」という数字だけを見てしまっていた（恥）。

「飲酒量をできるだけ少なくするほうがいいという報告について明記された背景には、2018年に医学雑誌『Lancet《ランセット》』に掲載された少量飲酒のリスクに関する論文や、日本におけるコホート研究などの研究結果が影響しています」（吉本氏）

また、飲酒量について、純アルコール量（ｇ）で示されていることも重要だ。純アルコール量は、酒に含まれるアルコール量を重さで示したもので、20ｇはビールだと中ジョッキ1杯、ワインだと2杯程度、日本酒だと1合に相当する。最近は、ビール缶などに、含まれる純アルコール量が示されていることもある。

疾病別の発症リスクと飲酒量

疾病名	飲酒量（純アルコール量［g］）	
	男性	女性
脳卒中（出血性）	150g/週(20g/日)	少しでも
脳卒中（脳梗塞）	300g/週(40g/日)	75g/週(11g/日)
虚血性心疾患・心筋梗塞	研究中	研究中
高血圧	少しでも	少しでも
胃がん	少しでも	150g/週(20g/日)
肺がん（喫煙者）	300g/週(40g/日)	データなし
肺がん（非喫煙者）	関連なし	データなし
大腸がん	150g/週(20g/日)	150g/週(20g/日)
食道がん	少しでも	データなし
肝臓がん	450g/週(60g/日)	150g/週(20g/日)
前立腺がん（進行がん）	150g/週(20g/日)	データなし
乳がん	データなし	100g/週(14g/日)

出典:「健康に配慮した飲酒に関するガイドライン」より一部改変

病気ごとに示された リスクの上がる飲酒量

「男性は40g、女性は20g」という数字を見て、「たったこれっぽっち……」と思う大酒飲みもいるかもしれない。だが、「ガイドラインで示した量は、これ以上飲むと生活習慣病のリスクが上がると説明していますが、この数字より飲酒量が少ない人でも、健康のためにはできる限り量を減らしましょう、ということを訴求したいですね」と吉本氏は付け加える。

また、ガイドラインには「疾病別の発症リスクと飲酒量」が別添の表としてまとめられている。これがなかなか分かりやすく、インパクトがある。

「**脳梗塞、胃がん、高血圧、大腸がん**などの疾病ごとに、これ以上飲むとリスクが上がる量が示されています。リスクをゼロにはできませんが、ここに挙げた病気になりたくなければ、この量よりも飲まないほうがいいということです。国としてはこういった情報を開示して、お酒と上手に付き合う方法を一考してもらうことを期待しているのです」（吉本氏）

おいしくなったノンアルコール飲料も活用

ガイドラインを踏まえた上で、自分の飲み方をどのように見直せばいいのだろうか。

「このガイドラインのポイントは、アルコールの量や濃度を減らすことにあります。飲んでいる最中に水を飲んだり、**ノンアルコール飲料**をうまく取り入れたりするのも手です。私も最近、ノンアルコール飲料を飲むようになりました。以前よりはるかにおいしくなっているので、うまく活用するといいと思います。また、ちょっと高いお酒を買うと、少しずつ飲むようになり、がぶ飲みしなくなります」（吉本氏）

実は、吉本氏らが行った研究では、ノンアルコール飲料を活用すると飲酒量が減ることが分かった（＊2）。研究参加者123人を介入群と対照群に分け、介入群にノンアルコール飲料を12週間提供した結果、介入群の飲酒量は対照群と比べて大きく減り、12週時点では1日当たりの純アルコール量で介入前より平均11・5g減少したという。

筆者も最近、ノンアルコール飲料を箱買いするほど愛飲している。味をかなり本物の酒に寄せてあるからか、「飲んだ気」になるので満足感も高い。休肝日は決まってノンアルコールビールか、ノンアルコールハイボールにしている。

そうそう、**休肝日**と言えば、「飲酒ガイドライン」にはその言葉が書かれていなかった。何か意味があってのことだったのだろうか？

「おっしゃる通り、ガイドラインには『休肝日』というワードは登場しません。『一週間のうち、飲酒をしない日を設ける（毎日飲み続けるといった継続しての飲酒を避ける）』という記述になっています。実のところ、休肝日は日本ならではの言葉なのです。休肝日を設けましょうと言うと、肝臓の数値が悪くない人は『自分に休肝日は不要』と考えがちですよね。そうした誤解を避けるためにも、休肝日という言葉は使用していません」（吉本氏）

私の周囲は鋼鉄の肝臓を持っている酒飲みが多く、大量飲酒をしていても肝臓の数値が基準値内に収まってしまうツワモノばかり。彼らの辞書に「休肝日」という文字はない。

「肝臓の数値が悪くない人は、そうなりがちですよね。連続してお酒を飲まないことには、重要な意味があります。それはアルコール依存症になるリスクを減らすことです。脳にとってアルコールは〝報酬〟。1日も休まずにお酒を飲み続けると、脳は報酬がないといられない状態に陥ります。脳を休ませ、アルコールの報酬がない状態を作るためにも、週に1回、飲まない日を〝**休脳日**〟として設けるよう心がけましょう」(吉本氏)

「1杯までならOK」の意味

都立駒込病院
消化器内科
小泉浩一

大腸がんの目安は「1日20g」

厚生労働省が公表した飲酒ガイドラインに対して、腹を立てている酒好きもいるかもしれない。「酒ぐらい好きに飲ませてほしい。なぜ国の言うことに従わなければならないのか」という不満を持った人もいるだろう。

だが、ガイドラインで示された「これ以上多く飲むと、この病気のリスクが上がりますよ」という目安は、否が応でも気になってしまう。身近な家族や知人がその病気になったら、なおさらだ。

実はつい最近、知人が**大腸がん**で入院し、手術を受けたばかりだ。彼女は60歳を超えているが、30代の若者に負けない、いや、下手をしたら若者を上回るほどの飲みっぷり。店でさんざん飲んだ後、自宅で朝まで飲み直すのが日常という、まさに「酒豪」だった。

しかし、下血の症状が現れ、病院を受診。大腸がんであることが判明し、即入院、手術となった。その話を人づてに聞いたとき、「やっぱり……」と思うほど、はたから見ても危険な飲み方だった。

飲酒ガイドラインでは、大腸がんのリスクが上がる目安として、男女とも「週に150g（1日20g）」となっていた。1日に20gといえば、ビールなら中ジョッキ1杯分に相当する。これ以上飲めば大腸がんのリスクが上がるとして、いったいどれぐらい上がるのだろう。また、どのような人が特に注意したほうがいいのだろうか。大腸がんに詳しい、都立駒込病院消化器内科の小泉浩一氏にこうした疑問をぶつけてみた。

「まず大腸について説明しましょう。大腸は、小腸から続く消化管で、盲腸から肛門までの約1・5mの部分を指します。盲腸、上行結腸、横行結腸、下行結腸、S状結腸、直腸で構成され、大腸がんはこれらの部位に発生するがんのことです。大腸がんの初期には自覚症状がなく、進行するにしたがって**血便、残便感・便意頻回**といった便通異常などの症状を伴い、最後には腸閉塞となって、腹痛、腹部膨満・嘔吐などが現れます。症状はゆっくり少しずつ出現するので、腸閉塞になって初めて受診される方も少なくありません」（小泉氏）

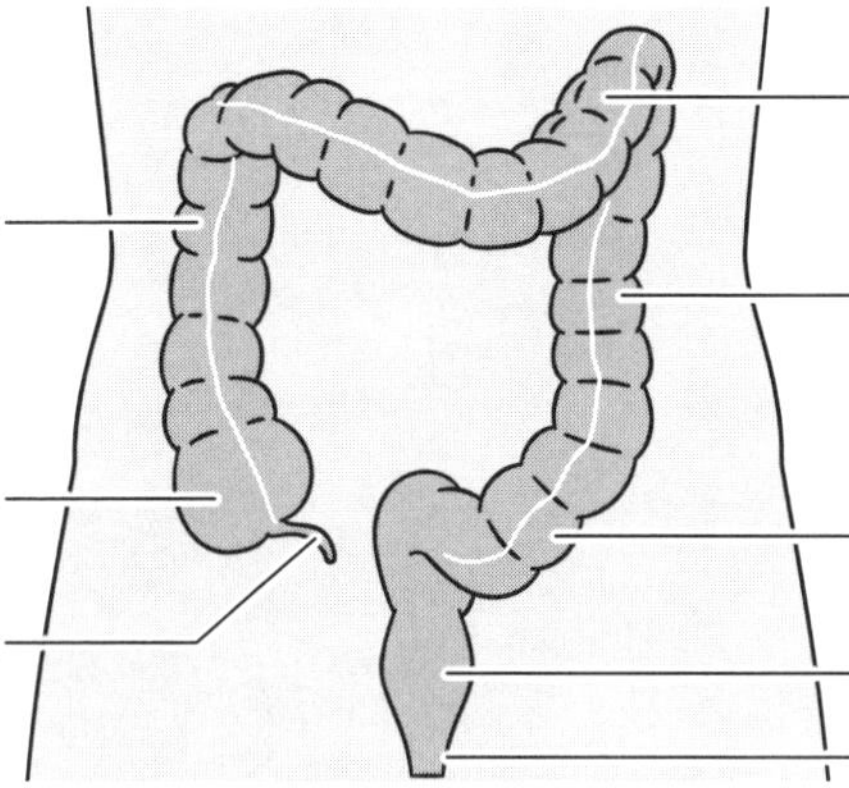

結腸にできるのが**結腸がん**、直腸にできるのが**直腸がん**、それらをまとめて大腸がんと呼ぶのだ。

飲酒によるリスク上昇は1・2倍程度

それで、やはり大腸がんの原因はアルコールなのだろうか……?

「ヨーロッパで25歳から70歳までの34・7万人を対象とした研究では、男性は純アルコールに換算して1日当たり24g、女性は12g以上の多量飲酒群と、それ以下しか飲まない少量または無飲酒群を比べると、S状結腸がんのリスクは1・09倍、直腸がん1・23倍、双方合わせた大腸がんでは**1・15倍**高まると報告されています

（＊3）。また、欧米6カ国3万人を対象とした研究でも、無飲酒群と超多量飲酒群を比較した場合、大腸がんの罹患リスクは**1・25倍**という結果が出ています（＊4）」（小泉氏）

おや、これだけを聞くと、思ったよりもリスクが高くないような……？

「そうですね、お酒をよく飲む人は、大腸がん、特に直腸がんになりやすいとは言えますが、1・2倍程度ですので、例えば『お酒を飲むと顔が赤くなる人の食道がん』などに比べると、リスクは低い。1日当たりビール350㎖缶1本、ワイン2杯、日本酒1合程度の少量飲酒であれば、影響はあまりないと言っていいでしょう。私も診察の際は『お酒を飲むなら1杯だけですよ』と患者さんに伝えています」（小泉氏）

「少量ならあまり影響はない」と聞いて、思わずガッツポーズを取りそうになる。しかし、小泉氏の話は続く。

「ただし、アルコールそのものに加え、分解の過程で生成される**アセトアルデヒド**にも発がん性があります。アセトアルデヒドは遺伝子を傷つけ、がんの原因となる活性酸素を取り除く抗酸化物質の吸収を妨げる作用があります。食道がんではアルコール自体がリスクになるのですが、アセトアルデヒドの影響を受けやすいのが、大腸がん、肝臓がん、乳がんと言われています。まだそのメカニズムは解明されていませんが、飲み過ぎればさまざ

まながんのリスクが上がるので注意が必要です」（小泉氏）
メカニズムは解明されていないとはいえ、アルコールとアセトアルデヒドに発がん性があることはよく知られている。
実は、大腸がんは、できる部位によって要因が異なるのだという。
「自分から見て大腸の右側にあたる上行結腸、そして横行結腸にできるがんには、遺伝性で若年からがんができやすい**リンチ症候群**が関係している場合がありますね。リンチ症候群の遺伝子変異を持つ約80%の人が、生涯のうちに大腸がんを発症すると報告されています。これに対し、左側にあたる肛門に近いS状結腸、直腸は、飲酒や喫煙などの環境的要因の影響が強いと言われています。お酒好きの方にはS状結腸がんや直腸がんが多いというわけです」（小泉氏）
大腸がんの家族歴がある場合、特に若いうちに大腸がんになった人が身近にいる場合は、飲酒のリスクに遺伝的要因も加わるので、さらに注意が必要だ。
また、日本人は欧米人に比べ、同じ飲酒量でも大腸がんのリスクがやや高くなるという報告もあるという。

「肥満」や「加工肉」もリスクを上げる

普段から多くの酒を飲むのが習慣化している人にとっては、飲む量を減らすのはつらいことだ。だが、大腸がんになった家族がいたり、そのほかの原因からもリスクが高いと考えられる場合は、減酒も視野に入れなければならない。

「ほかに大腸がんのリスクを確実に上げるのは**肥満**です」と小泉氏。日本人の場合、体重（kg）を身長（m）の2乗で割って求められるBMI（体格指数）が25以上のとき「肥満」とされる。日本のコホート研究では、男性ではBMI25未満の人に比べて、27以上の人では確実にリスクの上昇が見られたという（＊5）。

「肥満を予防できるのが**運動**です。実際、運動によって大腸がんのリスクが下がることが『確実』とされています。運動といっても激しいものではなく、1日に1時間程度、ウォーキングなど継続できる運動を行うようにしましょう」（小泉氏）

そうだ、大腸がんが心配なら、そのリスクを下げるために運動するという方法があるのだ。ただでさえ酒飲みに多い肥満。アルコールそのものにもエネルギーがあるし、酒が進むおつまみはハイカロリーで脂質過多なものばかり。食生活を見直しつつ、適度な運動で適正体重を維持することが大腸がんの予防につながるようだ。

「ハムやソーセージなどの**加工肉**が大腸がんのリスクを上げます。また、牛・豚・マトンなど『**赤肉**』と分類される肉類の摂取量が多いと大腸がんのリスクが高くなると言われています。日本人の従来の摂取量ならそれほどリスクは上がらないと考えられますが、近年は食事が欧米化していると言われており、やはり注意は必要です」（小泉氏）

45〜74歳の日本人8万人を対象としたコホート研究では、肉類の総量や赤肉、加工肉の1日当たりの摂取量で5グループに分けたところ、肉類全体の摂取量が多いグループで男性の結腸がんリスクが高くなり、赤肉の摂取量が多いグループで、女性の結腸がんのリスクが高くなったという（＊6）。

また、豚や牛などの赤肉は、調理の過程で生成される「コゲ」に含まれるヘテロサイクリックアミンという発がん性のある物質などが大腸がんのリスクを高くすると指摘されている。レアに焼いたステーキを食べながら飲むフルボディの赤ワインが最高なのだけれど、体のためにはどちらもほどほどにしておいたほうがよいということか。

1杯だけ飲むなら蒸留酒？

加工肉や赤肉が良くないということが分かったが、逆に、「これを食べたら大腸がんを予防できる」というものはないのだろうか。

「食物繊維の多い**野菜や果物**は、大腸がんの予防に役立つのではないかというイメージがありますが、日本のコホート研究では予防効果は確認されておりません（＊7）。しかし、野菜・果物は葉酸や各種ビタミン類を含むので、大腸がんを予防できる可能性も考えられ、胃がんや循環器疾患の予防に有用であることが分かっているので、とらない手はないでしょう」（小泉氏）

確かに、食事で野菜などを多くとれば、自然と肉類をとる量が減ってくるかもしれない。

さて、大腸がんのリスクについてさまざまな側面から考えていくと、運動をする、肉を食べ過ぎないなど、予防のためにできることがあることが分かった。それでも、家族歴があるなど、リスクが特に高いと考えられる人は、小泉氏が患者に伝えているように、飲んだとしても「1杯だけ」にとどめておいたほうがいいのかもしれない。では、その貴重な「1杯」は、どんな種類の酒を選んだらいいのだろう？

「これは、過去の経験からの考察ですが、醸造酒よりも**蒸留酒**のほうがリスクが低い印象を持っています。蒸留酒は醸造酒に比べて、お酒を造る過程でできる副産物（コンジナー）や添加物が少ないことが影響しているのかもしれません」（小泉氏）

醸造酒というとビール、ワイン、日本酒など。蒸留酒というと本格焼酎やウイスキーなどだ。もし本当に1杯だけにとどめるのなら、これも参考にしてほしい。

「少量飲酒でもリスク」の場合

順天堂大学
教授
山岸良匡

脳卒中は脳梗塞、脳出血、くも膜下出血の3つ

大腸がんと並んで気になっているのが**「脳卒中」**だ。ここ数年、脳卒中という言葉を、身内をはじめ、親しい方々から聞くようになった。後期高齢者の身内は、先日3回目の脳卒中を起こし、右半身に麻痺が残ってしまった。また、バーを経営していた友人は脳卒中を発症し、後遺症からほぼ寝たきりになってしまい、現時点で仕事に復帰できていない。

ここに挙げた2人に共通するのは、「酒豪」。身内は休日になると昼から飲み始めるほどの酒好き。それにプラスして愛煙家でもある。また、友人はプライベートではもちろん、客からふるまわれる酒という酒を断らずに浴びるように飲んでいた。

厚生労働省の飲酒ガイドラインでは、リスクの上がる飲酒量の目安として、**「脳卒中（出血性）」**と**「脳卒中（脳梗塞）」**の2つが分けて示されている。出血性のほうは、男性が「週

に150g（1日20g）」で、女性が「少しでも」とされている。脳梗塞は、男性が「週に300g（1日40g）」、女性が「週に75g（1日11g）」だ。つまり、男性であれば、1日に1杯くらいなら脳卒中のリスクはそれほど上がらないということだ。

なぜこのようになっているのだろう。そもそもの話、脳卒中に種類があるということすらよく分かっていなかった。順天堂大学の公衆衛生学教授で、生活習慣病の予防と疫学研究が専門の山岸良匡氏に基本的なところから教えてもらおう。

「脳卒中は、脳血管障害ともいわれ、脳の血管が詰まる**脳梗塞**、脳の血管が破れる**脳出血**、脳動脈瘤といわれる血管のふくらみが破裂する**くも膜下出血**の3種類があります。脳梗塞と脳出血は、詰まる場所や出血が起こる場所によって多岐に分類されます。日本では、脳卒中のうち脳梗塞が3分の2から4分の3ほどを占めますが、欧米に比べると脳出血の割合が高い傾向にあります」（山岸氏）

飲酒ガイドラインで「脳卒中（出血性）」とされていたのは脳出血とくも膜下出血のことで、「脳卒中（脳梗塞）」が脳梗塞のことだったわけだ。脳梗塞、脳出血、くも膜下出血の3つは、原因や障害が起こる場所によってさらに細かく分類され、症状も異なるという。脳卒中といっても、本当にいろいろな種類がある。

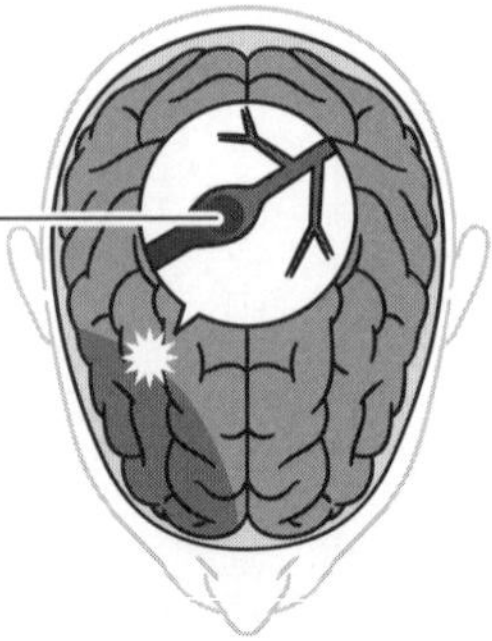

脳梗塞

脳の血管が詰まったり狭くなったりして、酸素や栄養が行き渡らなくなる

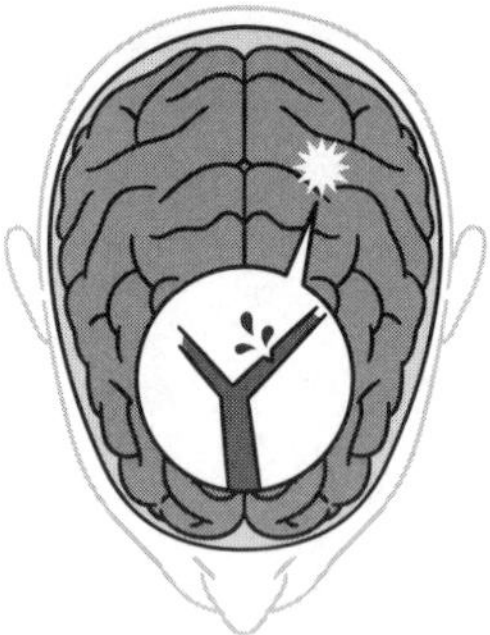

脳出血

脳の細い動脈が破れて出血し、脳の組織を破壊したり圧迫したりする

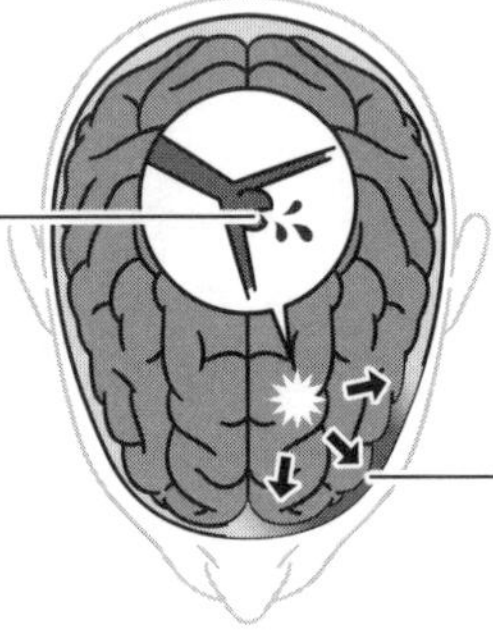

くも膜下出血

動脈の分岐部にできた動脈瘤が破裂して、くも膜下腔へ出血する

脳梗塞は、主に血管が詰まる原因によってアテローム血栓性脳梗塞、心原性脳塞栓、ラクナ梗塞の3つに分けられる。「脳の主に太い血管の動脈硬化が進んで血栓が詰まるのがアテローム血栓性脳梗塞。心臓でできた血栓が脳の血管に飛んで詰まって起こるのが心原性脳塞栓。太い血管から枝分かれした細い血管が詰まるのがラクナ梗塞で、脳梗塞の中でも多く見られます」（山岸氏）

不整脈の一種である「**心房細動**」は、心臓の心房が小刻みに収縮し、そのときに心臓の中で血液がよどんで血栓ができるのだが、それが脳の血管で詰まって脳梗塞になることもある。

脳出血は、出血する場所によって分けられる。「大脳の深い位置にある被殻で出血し、最も頻度が高いのが被殻出血。大脳の最深部にある視床で起こるのが視床出血。小脳で起こるのが小脳出血。脳の深部にある脳幹で起こるのが脳幹（橋）出血。大脳の表層で起こるのが皮質下出血です」（山岸氏）

脳梗塞もそうだが、脳出血は場所によって症状が変わってくる。典型的には被殻出血や視床出血は、出血した場所と反対側の手足のしびれや麻痺が起こる。小脳出血は、めまいやふらつき、歩行障害などが起こり、脳幹出血は、少しの出血でも意識障害などの症状が出る。皮質下出血は、出血する部位によってさまざまな症状が出るのが特徴だ。

そして、くも膜下出血の多くは**動脈瘤**の破裂だ。「脳を覆っている髄膜の内側層である軟膜と、中間層であるくも膜との間にあるくも膜下腔というスキマへの出血です。多くは、脳の動脈にできたこぶである脳動脈瘤が破裂することで起きます」（山岸氏）

症状があれば一刻も早く病院へ

血管が詰まる脳梗塞、血管が切れて出血する脳出血、そしてこぶ状になった動脈瘤が破裂するくも膜下出血。これらが起こると、どのような状態になるのだろうか。

「いずれも、ほぼ前ぶれなく、ある日突然起こります。脳梗塞では片側の手足が動かなくなる**片麻痺やしびれ、顔のゆがみ、言語障害**など。脳出血では、手足の片麻痺のほか頭痛や意識障害、くも膜下出血ではこれまで経験したことがない**激しい痛みを伴った頭痛**や意識障害などが典型的な症状です。ただ、脳梗塞や脳出血の症状がほとんどないこともあります」（山岸氏）

ある日突然、手足や顔が麻痺したり、言葉がうまく話せなくなったりするのは恐ろしい。

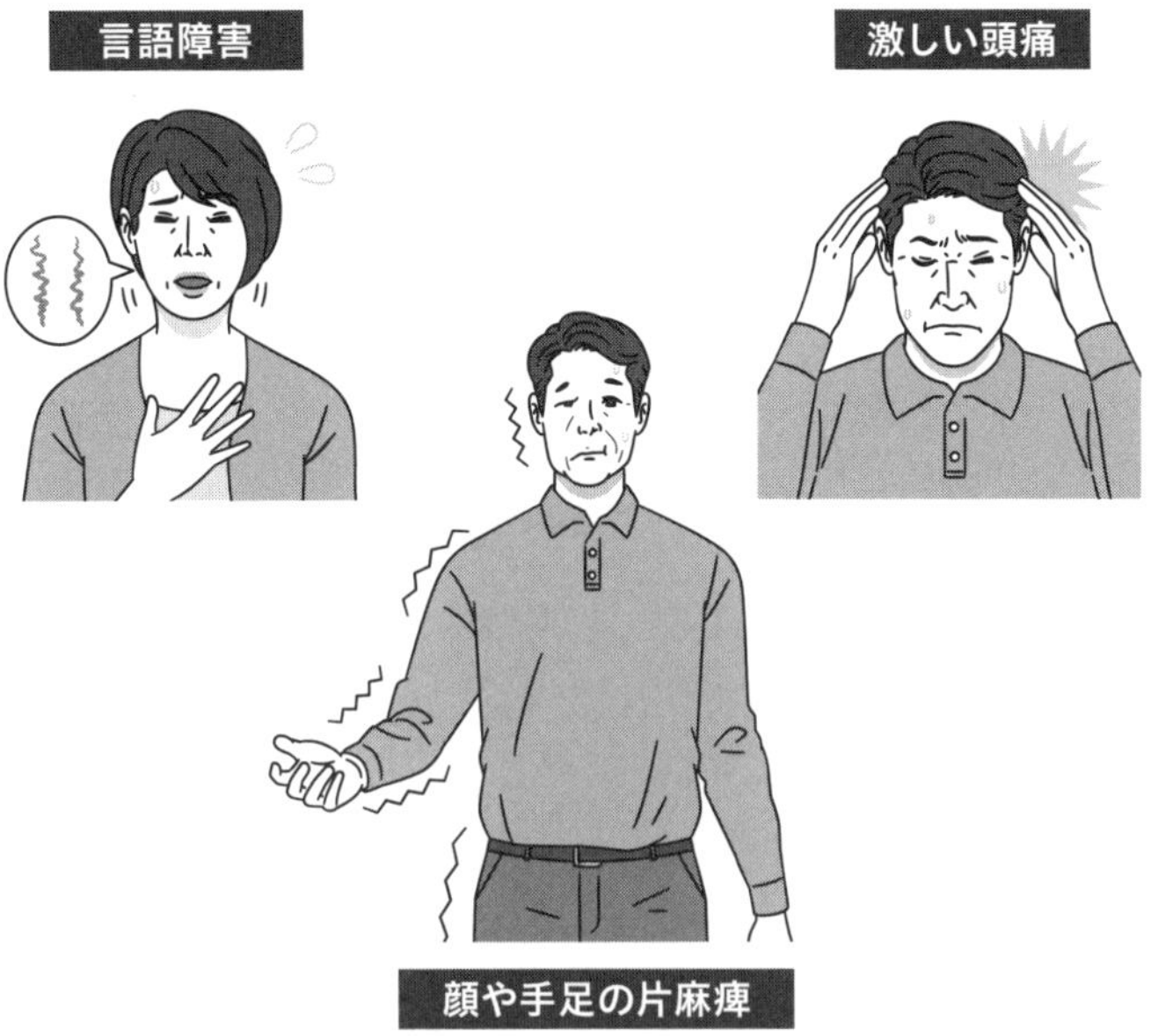

また、「これまでに経験したことがない激しい痛み」というワードにも恐怖があおられる……。顔の麻痺によって、何かを飲もうとして口の端からこぼしてしまったりすることで、「何かおかしいぞ」と気付くこともあるという。

そして、症状があまりない場合があるということもやっかいだ。知人の場合、クルマを運転中、帰宅するまでの記憶がほぼなく、おかしいと思ってすぐに病院に行ったところ「軽い脳梗塞です」と診断されたそうだ。異変に気付いて早々に病院に行ったことが功を奏したわけだが、山岸氏によると「少しでもおかしいと思ったら、即病院に行ったほうがいい」という。

「脳卒中はいずれも非常に怖い疾患です。後遺症が残り、寝たきりになることもあります。後遺症は、発症時の対処によって重症度が変わってきます。万が一、麻痺や顔のゆがみなどの症状が出た場合は、一刻も早く病院に行きましょう。『救急車を呼ぶのがはばかられる』とか『朝まで様子を見よう』などとおっしゃる方もいますが、現在はすぐに治療を行うことで、後遺症なく脳梗塞が治せる場合があります。後遺症を残さないためにも、様子見はせず、ためらわずに救急車を呼ぶことが肝心です」（山岸氏）

後遺症は、運動障害、視野障害、感覚障害、嚥下《えんげ》障害、失語症などさまざまで、重症度によっては何十年も治療を続けなければならなくなる。コロナ禍による医療のひっ迫や、救急車の不適切利用のニュースが流れたこともあってか、「これぐらいで救急車を呼ぶのはちょっと……」とためらってしまうこともあるかもしれないが、「一刻を争う脳卒中に関しては迷わずに救急車の要請を」と山岸氏は言う。時間の経過とともに脳のダメージが大きくなり、死滅した脳細胞は二度と元には戻らないからだ。

脳卒中のリスク因子

	相対危険度（リスク）	発生者中の割合
高血圧	2.5倍	77%
高血糖	1.4倍	24%
多量飲酒	1.2倍	18%
心房細動	4.9倍	4%
メタボリックシンドローム	2.8倍	14%

出典：Circ J. 2017; 81: 1022-1028.（＊8）より一部改変

飲み過ぎで脳卒中のリスクは1・2倍に

聞くほどにその恐ろしさが伝わってくる脳卒中。果たして、アルコールの影響はどれぐらいあるのだろうか。脳卒中のリスク因子について疫学的なデータはないか聞いてみたところ、山岸氏が研究に参加した調査結果を教えてくれた。

「秋田、茨城、大阪、高知の健康診断受診者1万6812人を2012年まで平均13年間追跡したデータから分かったのは、多量飲酒（1日あたり日本酒で2合以上）の相対リスクは**1・2倍**でした（＊8）。それほど高くないと思うかもしれませんが、高血圧のリスクは2・5倍、心房細動のリスクは4・9倍と高く、この2つにもアルコールは関わっています。つまり、飲酒は脳卒中への間接的な影響が大きいと考えられ

るのです」（山岸氏）

実は、心房細動の主な原因はアルコールである。飲み過ぎが心房細動を引き起こし、それがやがて心原性脳塞栓につながるというわけだ。

それに、日常的な飲み過ぎが高血糖やメタボリックシンドローム（メタボ）につながるケースも少なくない。高血圧だけでなく、高血糖やメタボは動脈硬化を進行させ、脳卒中のリスクを上げてしまうのだ。

ちなみに、動脈硬化といえば、脂質異常症の中でもLDL（悪玉）コレステロールが高いと、血管にプラークができて血管が狭くなったり、血栓ができたりする原因を作ってしまうことがある。基本的には、LDLコレステロールは高くないほうがいいのだが、「実は、LDLコレステロールが低すぎても脳出血の原因になることがあります。コレステロールは血管の膜の材料になるため、不足すると血管が弱くなり、破れやすくなるからです」と山岸氏。戦後の栄養不足の時代には、食事から得られる脂質が不足していたため、脳出血の割合が高かった。現在は食事の欧米化が全体としてある程度進んでおり、血圧の低下ともあいまって脳出血は減っているのだという。

高血圧が脳卒中の主な原因

それにしても、疫学調査で脳卒中を起こした人たちにおける**高血圧の割合が77％と高い**のに驚く。つまり、高血圧が脳卒中の主な原因といってもいいのではないだろうか。

「その通り、脳卒中の主な原因は高血圧だといえます。収縮期血圧（上の血圧）が高血圧の基準値を超えた140～150㎜Hg程度あると、血管はダメージを受け始め、動脈硬化が進んで血管がもろくなり、出血したり、詰まったり、血栓ができたりしやすくなるのです。高血圧は症状がないだけに危機感もなく、軽視しがちです。それゆえに放置してしまい、悪化しやすいので注意が必要です」（山岸氏）

高血圧といえば、塩分の多い食生活や、運動不足による肥満などが原因として知られているが、「アルコールにも注意が必要です。お酒が好きで血圧が高い方はたくさんいます」と山岸氏。確かに、厚生労働省の飲酒ガイドラインでも、高血圧は少しの飲酒でもリスクが上がるとなっている。

お酒をよく飲む人で血圧が高い場合、それがやがて脳卒中につながる恐れがあるというわけだ。そのまま飲み続けるべきか、一考したほうがいいのかもしれない。

脳卒中が怖いなら1滴も飲めない？

順天堂大学教授
山岸良匡

ほかのリスク要因を取り除く

脳卒中には、脳梗塞、脳出血、くも膜下出血の3種類がある。いずれも怖い病気だが、順天堂大学教授で生活習慣病の予防が専門の山岸良匡氏によると、飲酒により脳卒中のリスクは1・2倍程度上がるという。これをどれぐらい重視すべきかが、意外と難しいと感じている。というのも、脳卒中の主因である高血圧は、少しの飲酒でもリスクが上がるからだ。

「厚生労働省の飲酒のガイドラインには、高血圧は男女とも**少量であってもリスクが上がる**と書かれています。飲酒量が増えれば増えるほど血圧も上がると考えられます。それゆえ、飲酒量のコントロールは重要です。すでに血圧が高い人や、肝臓の値に異常がある人、糖尿病や心房細動がある人は、禁酒を真剣に考える必要があります。でも、健康診断では

何も異常がないのに、お酒が好きな人に1滴も飲むなというのは酷ですよね」（山岸氏）

確かに、「脳卒中が怖いなら飲酒量をゼロにしろ」と言われても、酒飲みが納得するはずがない。山岸氏によると、「飲酒が脳卒中のリスクを上げる」と知っておくだけでも意識が変わるという。その知識が頭の片隅にあれば、惰性飲みや多量飲酒を防いだり、飲む量を見直したりするきっかけになる。

「そもそも厚生労働省のガイドラインは、リスクをゼロにするためにすべての人に飲酒をやめましょうと言っているわけではありません。リスクがあることを理解して、お酒をたくさん飲む人は、今の飲酒量を少しでも減らしましょうというのが趣旨なのです」（山岸氏）

もし脳卒中のリスクを意識しながらも飲酒を続けるのなら、運動不足にならないよう体を動かしたり、肥満を予防したりすることで、飲酒以外のリスク要因を取り除くことも考えるといいだろう。

「高血圧のリスクを上げるのは、飲酒以外に、**肥満、塩分のとり過ぎ、睡眠不足、運動不足**などがあります。お酒が好きな人はこれらの傾向がある人も多いですよね。また、お酒には、血糖値や中性脂肪を高くする作用もあり、これらも動脈硬化を進めて、脳卒中のリスクにつながる可能性があります」（山岸氏）

確かに、酒を飲めばつい食べ過ぎてしまい、内臓脂肪が蓄積してメタボになりやすいし、酒のつまみは往々にして塩分過多のものが多い。アルコールの作用で眠りが浅くなり、睡眠不足になる人も少なくないだろう。また、酔ってしまえば体を動かす機会を失ってしまう。駅から徒歩で帰れる距離もタクシーを使うことも多々あるはずだ。飲み過ぎた翌日は二日酔いで運動どころではない。

だからこそ、意識して体を動かし、しっかり睡眠をとり、メタボを予防する。酒が好きなら、あきらめずに取り組みたい。

塩分のとり過ぎで血圧が高い人は要注意

山岸氏によると「食事の**塩分摂取量が多くて血圧が高くなっている人**は、その改善が必須」だという。

「日本人は塩分の摂取が多い傾向にあります。私たち日本人の主食は昔から米で、塩分の多い漬物や塩蔵した魚などを一緒に食べてきました。塩分過多になると血液中に多くのナトリウムが入り、その濃度を一定にするために、腎臓でナトリウムを尿に出すために血圧が上がることが主なメカニズムだと考えられています。日本人は普通に食事をしていても塩分が多くなりやすいので、普段から塩分に気を付ける必要があります」（山岸氏）

厚生労働省「日本人の食事摂取基準（２０２０年版）」によると、１日の食塩の摂取目標量は男性が７・５g未満、女性が６・５g未満とされている。飲んだ後に無性に食べたくなるとんこつラーメンは、１杯ですでに７・７gとオーバーしている。

だが工夫次第で塩分を減らすことができる。例えば、塩を減らした味付けでも、だしでうま味やコクを足す、こしょうや唐辛子などを使う、酢や柑橘系のフルーツで酸味を加えれば、物足りないと感じることが少なくなる。また醤油を減塩タイプに変えるのも手だ。最初は物足りなく感じるが、使い続けているうち舌が慣れ、逆に一般的な醤油がしょっぱく感じるようになる。

また、高血圧の原因となる肥満を予防するためにも、塩分以外にも食生活全般を見直すことが大切だ。

「ＬＤＬコレステロールの数値が高い人は、飽和脂肪酸の多い肉の脂身やひき肉、ファストフード、スナック菓子、生クリームなどをまず減らしましょう。また血糖値や中性脂肪の値が高い方は、食事では葉野菜や根菜から先に食べる、糖質や甘いものをとり過ぎない、玄米など食物繊維の多い主食を選ぶ、夜食や食べ過ぎを避けるなどを心がけてください。血圧だけでなく、血糖や中性脂肪が高い人は、飲み過ぎが原因である可能性も高いので、お酒の飲み方を再考する必要もあります」（山岸氏）

ちなみに、高血圧の中には生活習慣を変えるだけでは血圧が下がらないタイプもある。そのような場合や、健康診断で精密検査や治療が必要と言われた人は、必ず医師に相談しよう。

再発を防ぐためにも自己判断で飲酒を再開しない

ところで、脳卒中になった後は、もう酒を飲まないほうがいいのだろうか？

「結論から言うと、お酒を飲まないに越したことはありません。脳卒中を発症したということは、もともと脳卒中になりやすい生活習慣があり、その危険因子を持っているということです。再びお酒を飲み出すと、脳の血管にはまた負荷がかかりますし、すでにダメージが及んでいる箇所がほかにもある可能性が高いのです。少なくとも、決して**自己判断で飲酒を再開しないように**。かかりつけ医に必ず相談しましょう」（山岸氏）

ちなみに、脳卒中を患った筆者の身内は、自己判断で酒とタバコを再開してしまっていた。その結果、すでに脳卒中を3回経験している。

「脳卒中は再発しやすい疾患です。再発を防ぐには、血圧を適切に管理すること、そして生活習慣を改善することが重要です。脳内のほかの部位の血管や、全身の血管もダメージを受けやすくなっているので、飲酒の再開については慎重な判断が必要です」（山岸氏）

山岸氏の話を聞くと、自己判断で飲酒を再開することが、いかに危険かということが分かる。治療も、服薬以外は、場所が脳だけに簡単なものではない。

「脳卒中の治療法は、病型によって異なります。脳梗塞の場合は、発生してすぐであれば、血栓を溶かす薬である『ｔ－ＰＡ』を点滴で投与したり、詰まった血管にカテーテルを入れたりして血栓を取り除く治療が有効です。脳出血で出血量が多いときは手術で開頭し、血液の塊を取り除きます。くも膜下出血も手術で開頭し、破裂した動脈瘤にクリップをかける、またはカテーテルを用いて動脈瘤にコイルを入れ、さらなる出血を防ぐ治療法があります。しかし、これらの治療が成功しても後遺症が残る可能性はあります。また、発症してからの時間や重症度によっては、治療そのものが行えないこともあります。手遅れになる前に、異変に気付いたらすぐに医療機関を受診することが大切です」（山岸氏）

脳卒中の手術となるとかなり大がかりだ。そして、再発予防のためには、脳卒中の原因となっている高血圧、心房細動、糖尿病の治療も併せて行っていく。さらに、運動障害、視野障害、感覚障害、嚥下障害、失語症などの後遺症があれば、リハビリをずっと続けていく必要があるのだ。

「中年になると、若いころからの生活習慣の乱れが、高血圧、高血糖、脂質異常の形で表面化します。しかし、これらは目立った症状がなく、血液検査や、血圧を測って初めて分かることです。『血圧や血糖値が高くなっても、症状がないからたいしたことはないだろう』と軽視せず、その先にある脳卒中を予防するようにしましょう。そのためには必ず、年に一度、健診を受けてください」（山岸氏）

高血圧や糖尿病の薬を飲みながら酒を飲んでいる方々には耳の痛い話かもしれない。だが「あのとき、きちんとケアをしておけばよかった」とならないためにも、一考してみてほしい。

女性の肝臓は酒に弱い

琉球病院
副院長
真栄里仁

カフェでコーヒーではなくビールを飲む女性

厚生労働省の飲酒ガイドラインで個人的にショックだったのが、**「性別の違いによる影響」**について言及されていたことだ。

「女性は、一般的に、男性と比較して体内の水分量が少なく、分解できるアルコール量も男性に比べて少ないことや、エストロゲン（女性ホルモンの一種）等のはたらきにより、アルコールの影響を受けやすいことが知られています。このため、女性は、男性に比べて少ない量かつ短い期間での飲酒でアルコール関連肝硬変になる場合があるなど、アルコールによる身体への影響が大きく現れる可能性もあります」（飲酒ガイドライン）

酒に関わる仕事をしている身として、これは無視できない。いくら酒がおいしいからといって、気軽に女性に勧められないではないか。

その一方で、最近は女性の飲酒が増えていると感じる。筆者の周囲を見渡しても、自分を含め、男性と同等かそれ以上によく酒を飲む女性はいる。「カフェでビールとコーヒーの値段が同じなら、ビールを選ぶ」と話す豪快な女性も少なくない（筆者もその1人だ）。

だが、知人の中には乳がんを患った人もいて、アルコールが女性の体に与える影響を不安に思うこともある。女性のアルコール依存症が増えているとも聞く。女性とアルコールの問題に詳しい、琉球病院（沖縄県金武町）副院長の真栄里仁氏は、「女性のほうがアルコールの害を受けやすいのは間違いない」と強調する。

「女性は一般的に、男性よりも**アルコールを分解する能力が低く、血中アルコール濃度が上がりやすい**ため、早く酔いが回りやすい。飲酒に関連した病気のリスクも上がりやすいので、注意しなければなりません」（真栄里氏）

アルコールの分解能力が低いというのは、男性よりも女性のほうが肝臓が小さいということなのだろうか。肝臓の大きさは、体の大きさに比例すると聞いたことがあるが……。

「確かに、肝臓の大きさ（体積）は、除脂肪体重（体脂肪を除いた体重）に比例します。女性は男性より一般的に体格が小さいものの、肝臓は比較的大きくて、結果として肝臓の体積の男女差はそれほど大きくはありません。ところが、実際に1時間で分解できるアルコー

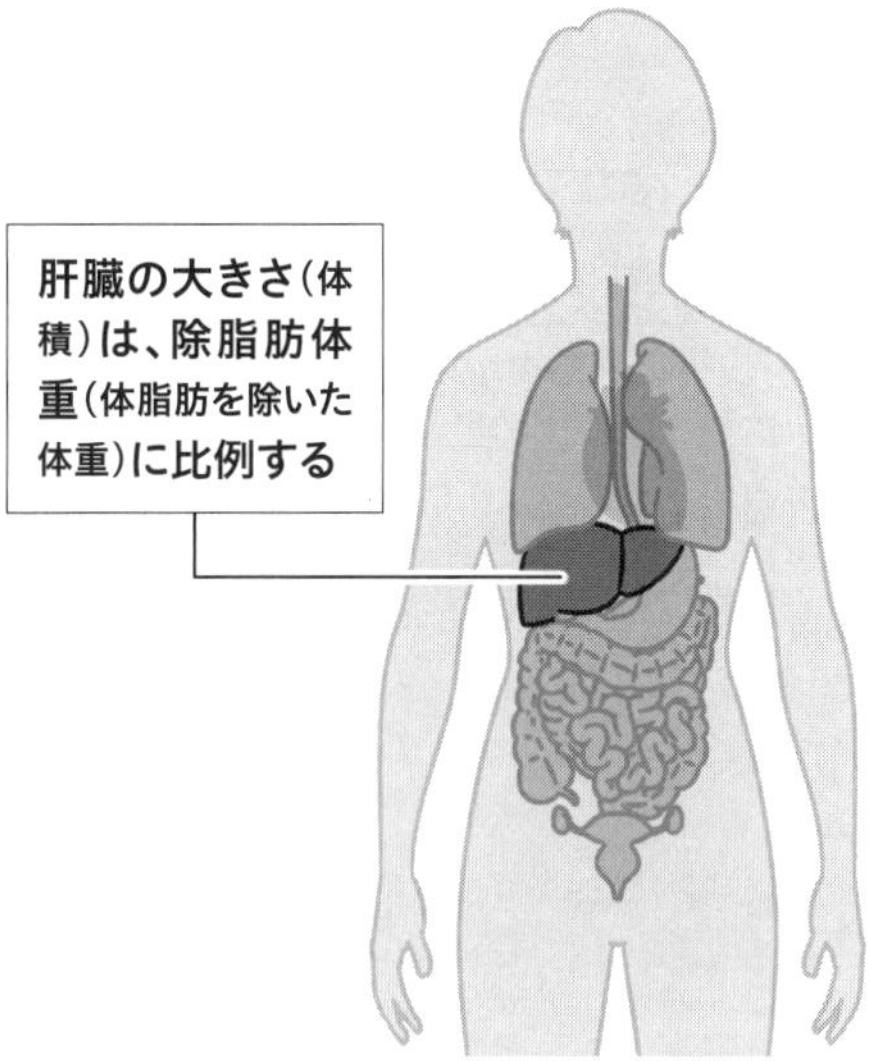
肝臓の大きさ（体積）は、除脂肪体重（体脂肪を除いた体重）に比例する

ル量の平均値は、男性が9g程度、女性が6・5g程度と、大きな差があります」（真栄里氏）

なぜアルコールの分解能力に男女差が生じるのか、その理由はまだよく分かっていないという。ただ、女性のほうが血中アルコール濃度が上がりやすいのは、**体内の水分量**から説明できるという。

「女性は一般的に筋肉は少ないのですが、体脂肪が多いため、結果的に体内の水分の割合は、男性が60％なのに対し、女性は55％程度にとどまっています。脂肪よりも筋肉のほうが多くの水分を保持できるからです。こうした水分量の差から考えても、女性のほうが血中アルコール濃度が上がりやすいのです」（真栄里氏）

やはり、女性のほうが男性と比べて、注意して酒を飲まなければならないということか。

	男性	女性
飲酒者 （この1年で1度でも飲んだ者）	82.9%	63.3%
毎日飲酒	29.4%	7.3%
1日平均男性40g以上、 女性20g以上の飲酒	15.6%	5.6%
週1日以上、60g以上の飲酒	11.3%	2.0%
現在アルコール依存症	1.1%	0.1%

出典：「WHO世界戦略を踏まえたアルコールの有害使用対策に関する総合的研究」
平成26年度総括研究報告書

女性のアルコール分解能力は男性の8割

飲酒する女性の割合が増加しているように感じるのだが、この点はどうだろう？

「はい、確かに女性の飲酒率は上がっています。日本ではかつて、女性の飲酒は一般的ではありませんでした。1954年の国税庁などの調査では、女性の飲酒率はたったの13％。それが、2013年の調査では、63・3％まで上昇。男性は82・9％なので、差が縮まっていますね」（真栄里氏）

この調査では、「毎日飲酒」や「週1日以上、60g以上の飲酒」の割合の結果を見ると、まだ男女差があるように感じられるが、それでも女性の飲酒は確実に増えているのだという。女性の社会進出に伴い、女性の飲酒が当たり前になっているのだが、とはいえアルコールの分解能力の男女差が縮まるわけではない。
「大まかな数字としては、女性は平均して男性の8割程度しかアルコールを分解する能力がないといわれています。飲酒量や除脂肪体重が同じだとしても、血中アルコール濃度が男性より高くなると考えられ、それだけ女性のほうが悪酔いしやすく、急性アルコール中毒のリスクも高くなります」（真栄里氏）
日本では従来、健康に悪影響を与えない「適度な飲酒」の量として、1日平均純アルコールで約20g程度（日本酒なら1合、ビールなら中ジョッキ、ワイン2～3杯に相当）という目安が示されていた。だが女性の場合、この20gの3分の2から半分程度にするのが安全だと言われている。
いくらなんでも少なくないか、と酒飲みの女性は思うだろうが、これにはちゃんと根拠があるという。
「女性は、男性の半分程度の飲酒量でも肝臓にダメージを来し、重症の肝障害である**肝硬変に至る飲酒量も男性の3分の2程度**なのです。多くの研究で、女性の肝臓はお酒に弱いことが示されています」（真栄里氏）
なんと……。女性は肝臓をよりいたわって飲まなければならないのだ。

多量飲酒の女性の乳がんリスクは1・7倍

飲酒する女性が気を付けなければならないのは、肝臓の障害だけではない。日本では女性の中で最も多いがんである「**乳がん**」は、飲酒と関係がある。

「お酒をよく飲む閉経前の女性は乳がんにかかりやすいことが分かっています。乳がんには、運動不足、肥満のほか女性ホルモン（エストロゲン）などの要因が知られていますが、アルコールは女性ホルモンに影響を与えることで、乳がんのリスクを高めるのではないかと考えられています」（真栄里氏）

飲酒と乳がんの関係について、日本人女性約16万人を対象にした大規模調査の結果では、週5日以上飲む閉経前の女性は、全く飲まない人に比べて、乳がんのリスクが1・37倍になっていた。また飲酒量についても、1日に23g以上飲む人の罹患リスクは、まったく飲まない人に比べて1・74倍だった（＊9）。

「日本においても乳がんは年々増加傾向にあるので、日常的に飲酒習慣がある方は、より注意が必要です」（真栄里氏）

筆者の周囲の酒好き女性の中にも、乳がんに罹患した人は少なくない。国立がん研究センターがまとめた「がんの統計２０２２」によると、乳がんの罹患率は30代後半から急増し、30～64歳の女性のがんにおいて、乳がんは死亡数が第1位となっている。

閉経後には骨粗しょう症が怖い

先ほど紹介した日本人女性の飲酒と乳がんの関係についての調査では、閉経前の女性については飲酒頻度が高くなるほど乳がんの罹患率が上がるという結果になったが、閉経後の女性については、統計的に有意な関係は認められなかったという。

では、閉経後ならいくらでも飲んでいいのかというと、そうではない。更年期以降の女性は、乳がんとは別に「**骨粗しょう症**」に注意しなければならないからだ。

「更年期は、閉経を挟んだ前後10年を指します。この時期は女性ホルモン（エストロゲン）の分泌量が急激に減少します。エストロゲンは骨の新陳代謝に深く関わっており、減少すると古くなった骨を壊す破骨細胞ばかりが働き、骨量が徐々に減っていきます。アルコールもまた、骨密度を下げる作用があります。年齢を重ねても若いときと同じような飲み方をしていたら、骨粗しょう症のリスクがどんどん高まってしまうのです」（真栄里氏）

「骨粗鬆《しょう》症の予防と治療ガイドライン」（２０１１年版）によると、「アルコールを多量に摂取すると腸管でのカルシウム吸収抑制作用と尿中への排泄促進作用」によって、骨粗しょう症のリスクが高まってしまうのだという。1日当たり純アルコール換算で24〜30g程度の飲酒により、骨粗しょう症による骨折のリスクは1・38倍になる（＊10）。

骨粗しょう症の人が特に注意したいのが、脚の付け根、つまり**大腿骨頸部《だいたいこっけいぶ》の骨折**だ。太ももの骨である大腿骨は、股関節からすぐのところ（大腿骨頸部）で曲がっており、ここで体を支えている。この大腿骨頸部骨折のリスクは、そもそも男性よりも女性のほうが高い。また、酒を飲んで顔が赤くなる人は、赤くならない人に比べ、骨粗しょう症のリスクが約2倍、大腿骨頸部骨折のリスクは約2・5倍というデータもある。

更年期以降の女性の飲酒には、こういったリスクも絡んでくるのである。なお、更年期だけでなく、女性の体は、初潮を迎えた後のライフステージごとの変化が目まぐるしい。更年期以上に酒の飲み方を注意しなくてはならないのが、妊娠時だという。

「**妊娠中は禁酒**です。赤ちゃんとお母さんの血中アルコール濃度は同じなので、お母さんがお酒を飲めば、赤ちゃんも飲んでいるのと同じこと。妊娠時の飲酒によって、赤ちゃんが顔面などの奇形や、発達遅滞や中枢神経障害などの症状を持つ『胎児性アルコール・スペクトラム症候群』を抱えて生まれてくるリスクが高まります。脳へのダメージは後々まで残る可能性があるので、妊娠中は絶対に飲んではいけません」（真栄里氏）

アルコール濃度のきわめて低い「微アルコール飲料」なら大丈夫と思いがちだが、真栄里氏によると「妊娠中はアルコールゼロがマスト」だそうだ。酒好きの女性にとって、短い期間でも禁酒するのは結構なストレスになるが、グッと我慢しよう。

ビール1杯でも急性膵炎

JA尾道総合病院
副院長
花田敬士

膵臓の大きさには個人差がある

飲酒ガイドラインでは触れられていなかったが、酒飲みは「**膵**《すい》**臓**」の病気にも注意しなければならない。

年季の入った酒飲みにとって、アルコールと膵臓の病気に関連があることは常識だ。筆者の周囲でも、「**膵臓がん**」に罹患する人が増えている。また、お笑い芸人が多量飲酒の末に「**急性膵炎**」になり、救急車で運ばれたというニュースを見たこともある。

膵臓は、肝臓と同様に「**沈黙の臓器**」と呼ばれ、病気になっても初期症状がほとんどない。だからこそ、不安になるのである。

そして急性膵炎は、飲酒後に突然、強烈な痛みを引き起こすという。沈黙の臓器からの特大のSOSだと思うのだが、それはやはりかなり多くの飲酒量によって起きるのだろうか？

ところが、膵臓の病気に詳しいＪＡ尾道総合病院副院長の花田敬士氏によると、**「ビール１杯**でも急性膵炎になる場合があります」とのこと。たったビール1杯で急性膵炎？という声が多方面から聞こえてきそうだ。いや、筆者だって「なんで!?」と叫びたい。

「実は、あまり知られていませんが、膵臓の**大きさには個人差**があります。また、膵臓で作られる消化液である『膵液』の通り道の**『膵管』**も、その太さに個人差があります。膵臓が小さめで膵管が細い方ほど、〝余力〟があまりありません。そのような方が、油ものをたくさん食べたときなどに、少量のお酒でも急性膵炎になる可能性があるのです」（花田氏）

アルコールや**油ものの食事**は、膵液の分泌を促す効果があり、それが急性膵炎を引き起こすきっかけとなる。つまり、急性膵炎が起きるかどうかは、飲酒量だけでなく、膵臓の〝余力〟や、そのときどのような食事をとったのかも関わってくるというわけだ。

「急性膵炎は、文字通り膵臓に急性の炎症が起きる疾患です。膵臓が作った膵液によって、膵臓自身が溶けて炎症を起こしてしまうため、脂汗を流して苦しむほど強烈な痛みを引き起こします。その痛みは、尿路結石、心筋梗塞と並ぶ、３大激痛に数えられるほどです」（花

田氏）

自分が作った膵液によって膵臓が溶ける。まるでホラーではないか（怖）。膵液は糖質、脂質、たんぱく質いずれも分解できる強力な消化液だ。その痛みが3大激痛に数えられるというのも、恐ろしいが納得できる。

急性膵炎になると酒をやめなければならない

それでは、どのようなメカニズムで膵液が膵臓を溶かしてしまうのだろうか。

「急性膵炎の直接的な原因となるのは、**アルコールと胆石**です。飲酒の場合、膵臓の細胞をアルコールが傷つけたり、飲酒の影響で膵液が流れる膵管の出口付近がむくんで膵液が行き場をなくし、過剰に分泌された膵液によって膵臓が炎症を起こしたりして、痛みが生じると考えられています。胆石の場合では、膵管の出口となる十二指腸乳頭部に胆石がひっかかるなどして膵液がせき止められ、逆流してしまうため起こります」（花田氏）

やはりこれは酒飲みにとっては怖い病気だ。しかし、病名に「急性」とあるので、急性胃炎などと同様に、「炎症が治まれば臓器の機能は元通りになり、酒が飲める」と思って

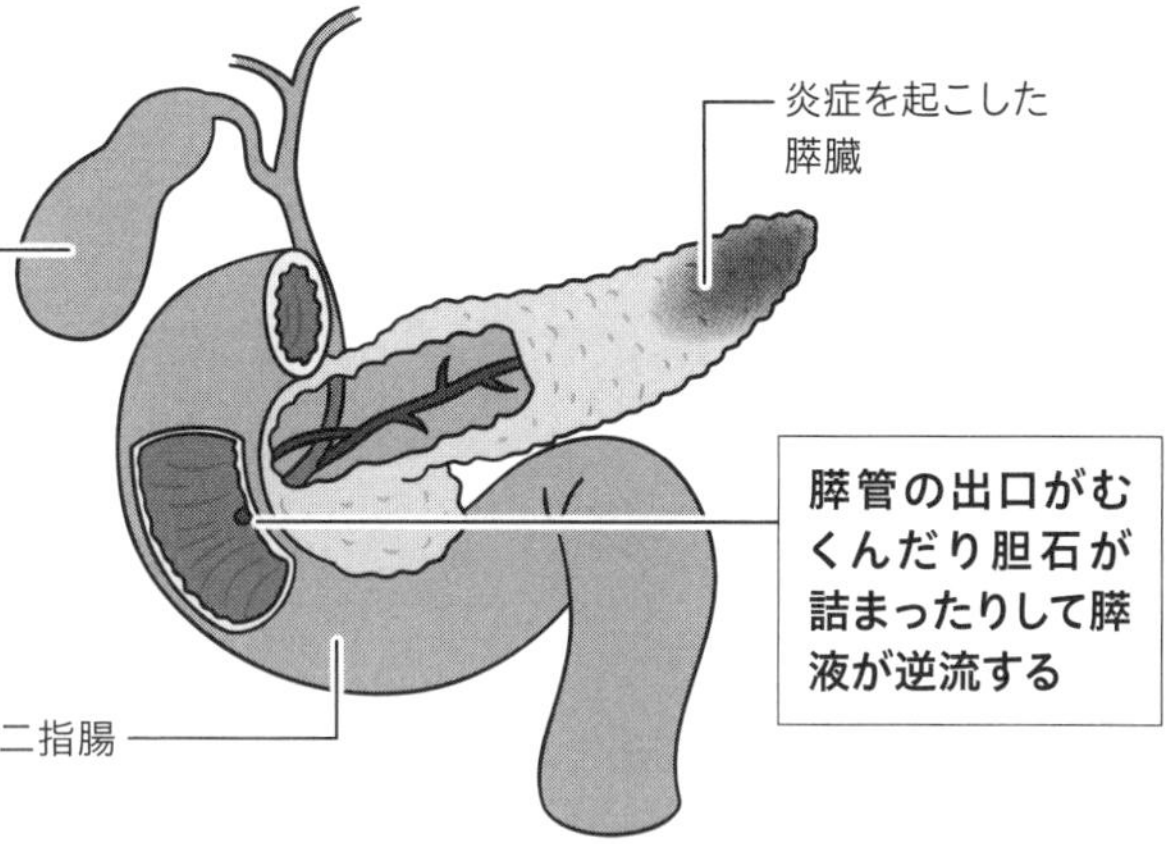

膵液が膵臓を溶かしてしまうことで急性膵炎が起きる

いたのだが……。

「炎症が治まればまたお酒が飲めると思っている方は多いのですが、急性膵炎を甘く見てはいけません。重症化すると命に関わりますし、治療して症状を抑えられたとしても、きれいに治ることは少ないのです。治療後は、禁酒が必要な上、最低2年間は経過観察をしなければなりません」（花田氏）

調べもせず、「胃炎と同じようなもの」と思い込んでいた自分が呪わしい。軽度の急性胃炎なら自宅で安静に過ごしているだけで治まることもあるが、急性膵炎の治療は基本的に入院が必要で、絶食して膵液の分泌を止めて膵臓を安静に保つほか、胆石が原因の場合は胆石を取り除く治療も行うという。

そして、急性膵炎の原因は実はこれだけではない。花田氏は「ごく小さな膵臓がんが存在し、それが原因となって急性膵炎を起こしている場合もあります」と付け足した。一度、急性膵炎になったら、膵臓がんにも注意しなければならないのだ。

急性膵炎を繰り返し、慢性膵炎へ

一度、急性膵炎になった人が、繰り返し急性膵炎を起こすことも多い。アルコールが原因で急性膵炎を起こした場合、禁酒が必要になるが、再び酒に手を出してしまい、再度、急性膵炎になってしまうわけだ。同じ酒飲みとして、気持ちはよく分かる……。

「急性膵炎を繰り返すと、**慢性膵炎**に移行するリスクが上がります。これを知らずに急性膵炎を軽視してしまい、後から『もっと気を付ければよかった』とおっしゃる方が実に多いのです。急性膵炎を繰り返して、医師から『慢性膵炎の一歩手前ですよ』と言われた場合は、お酒を必ずやめてください。慢性膵炎は想像以上に怖い病気ですから」（花田氏）

できるなら無縁でいたい慢性膵炎とは、いったいどのような病気なのだろうか。

「慢性膵炎は、膵臓に慢性の炎症が起こり、その細胞が徐々に破壊され、次第に線維化が

慢性膵炎のステージ

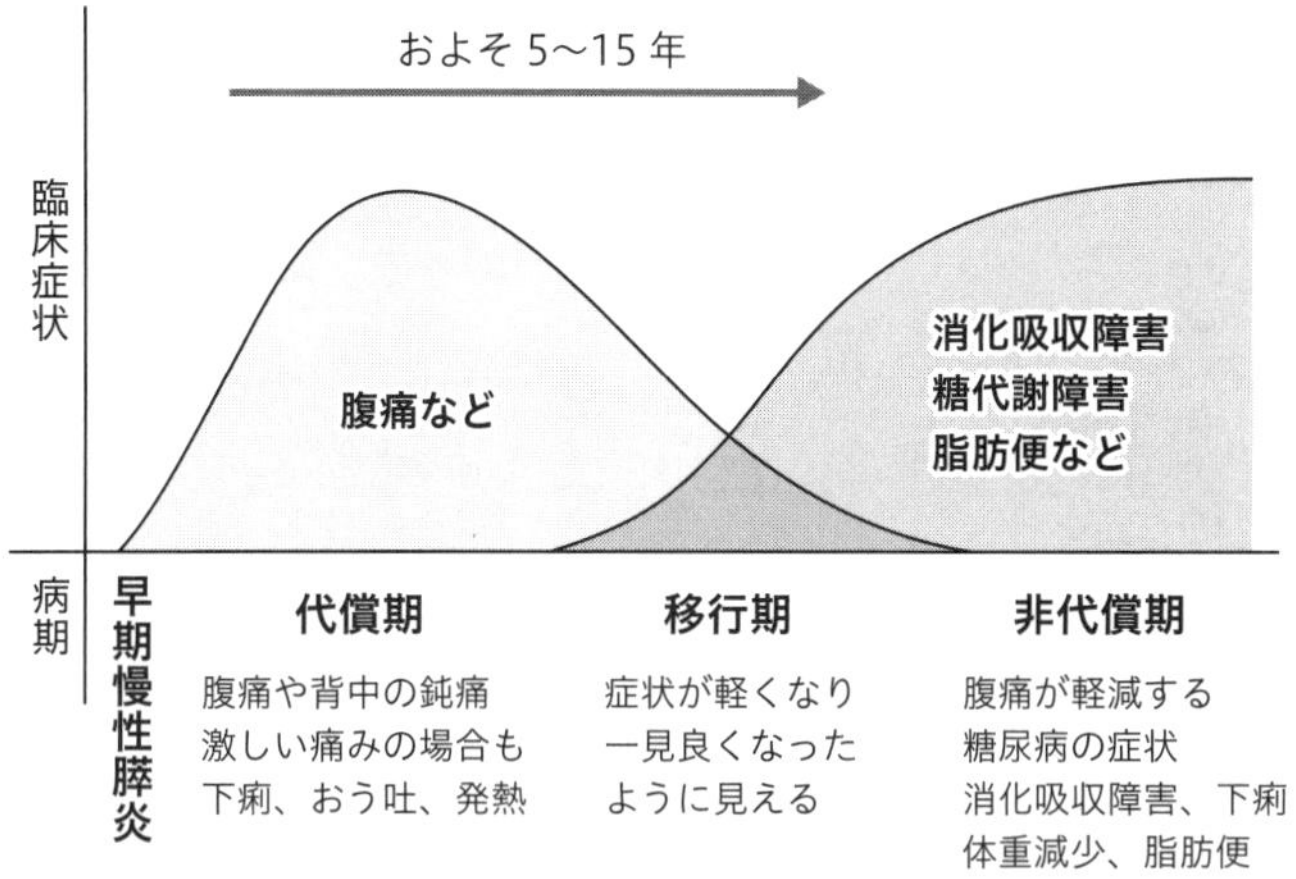

進んでカチカチになり、機能が失われていく病気です。急性膵炎のような激しい痛みとは異なり、背中やお腹にしくしくとした鈍痛がときどき起こります。しかし、悪化するにつれ膵臓の機能が低下してくると、鈍痛が次第に薄れていきます。それで『良くなった』と勘違いする方がいらっしゃるのですが、そうではないのです」(花田氏)

慢性膵炎のステージは3段階ある。膵臓の機能が比較的保たれている「**代償期**」、膵臓の線維化が進み、痛みが軽くなる「**移行期**」、そして膵臓の組織が破壊され、機能が著しく低下した「**非代償期**」だ。

「代償期では、膵液が分泌されることで腹痛や背中の痛みが起きていました。それが移行期では、膵液の分泌が低下することによって、そうした症状が軽くなったように見えるのです。さらに進んで非代償期になると、膵液がほとんど分泌されないために消化不良となり、**下痢**になったり、白っぽい**脂肪便**が出たり、**体重が減少**したりします。また、血糖値を下げるインスリンというホルモンの分泌も低下するので、**糖尿病**の症状も出てきます」（花田氏）

移行期になって痛みが緩和したことで「治った」と勘違いし、通院をやめてしまう人もいるそうだ。これもまた花田氏が「慢性膵炎は怖い」という理由の1つだろう。

「慢性膵炎の主たる原因は大量飲酒だと言われています。大量飲酒をすると膵液の分泌量が大幅に増え、膵管の中での流れが停滞し、炎症が生じやすくなります。慢性膵炎になったら、禁酒は大前提。禁煙も必須です」（花田氏）

代償期では、脂肪を制限した食事にしたり、薬物療法によってある程度の回復が期待できる。しかし移行期になると、進行をなるべく遅らせるための治療になる。

「慢性膵炎は、基本的に完治することはありません。それが怖いところです。ただ、最近では代償期の前に『**早期慢性膵炎**』という状態があることが分かってきました。この段階で適切に治療を行えば、かなり回復は見込めます」（花田氏）

画像検査で膵臓の〝余力〟を調べる

「基本的に完治しない」「禁酒は大前提」という酒飲みにとっては耳をふさぎたくなるような言葉が続く。さらに、慢性膵炎に罹患すると、膵臓がんのリスクは10倍以上にもなる（＊11）。また一般的に、慢性膵炎の人の寿命はそうではない人に比べて、10年程度短くなるとも言われている。

では、急性膵炎や慢性膵炎を防ぐには、具体的にどのようにしたらよいのだろう？

「すでにお話ししたように、膵臓の〝余力〟には個人差があります。40歳を過ぎると膵臓の機能の衰えが始まりますので、ご自身の膵臓の〝余力〟を調べるためにも、人間ドックの際などに**MRCP**（MR胆道膵管撮影）検査をしてもらうといいでしょう。これは、MRI（核磁気共鳴画像法）の装置を用いて、胆道や膵管を写し出すもので、自分の膵管の太さやその状態が分かります。日常的にお酒を飲む方、食べると下痢になりやすい方は、年に一度は診てもらうと安心です」（花田氏）

一般的な特定健診で膵臓をチェックしてもらえることはほとんどない。40歳以上になると仕事では責任のある立場となり、付き合いでの酒席も増える。自分の膵臓の〝余力〟を知るためにも、人間ドックなどを活用したほうがいいだろう。

「検査で自分の膵臓の状態が分かったら、身の丈に合った飲酒・食事をすることをお勧めします。膵臓が小さめ、膵管が細いなどと指摘された方は、膵炎になりやすい可能性があります。膵管内の圧力が上がりやすく、それにより炎症が起きやすくなるからです。酒量を減らし、ドカ食いをしないように気を付けましょう。一度にたくさん食べるよりも、数回に分けて食べたほうが膵臓の負担は軽くなります」（花田氏）

花田氏はまた「脂質のとり過ぎにも注意」と言う。

「お酒が進む鶏のから揚げやフライドポテトよりも、豆腐や枝豆といった脂質の少ないおつまみを選ぶようにしましょう。お酒とおつまみのダブルで膵臓に負担をかけないことが大切です」（花田氏）

揚げ物は、酒を進めてくれるつまみの代表格。「食べてはいけない」とは言わないが、膵臓のためにもほどほどにしよう。

第3章

あなたの肝臓が限界かどうか知る方法

あなたの肝臓は〝ブラック企業〟？

大阪大学
特任准教授
野口緑

γ-GTPは何を表しているのか

お年頃（中年）になった酒好きが集まると、話題になるのが「健康診断の結果」である。やれ**γ-GTP**が300を超えたとか、**中性脂肪**が基準値の倍以上あるとか、**血糖値**が高く糖尿病予備軍だとか。ともすると、そんな話を自慢話かと勘違いしそうなくらい楽しそうに話す。それも飲みながら。

数値がすべて基準値内に収まっている人がいると、「まだまだ修行が足りない」と冗談とも本気ともつかないことを言う人もいる。

しかし、酒好き中年が危機感を持つのは、主に肝臓の数値のようだ。そこさえクリアしておけば、何とかなると考えている人が少なくない。実際、私もそうだった。今より体重が8kg多かった頃、中性脂肪が200近くあったが、肝臓の数値はすべて基準値内だったので、特に注視していなかった。その後、特に体に問題があったわけではないような気がする。

だが疑問に思うのは、「酒が好きだからといって、肝臓の数値だけを気にしていればいいのか」ということだ。正直、素人は健康診断の結果を見ても、基準値を超えているかいないか、くらいしか判断がつかない。

そこで、健康診断の結果の見方や、結果が悪かった時の対処の仕方を知っておきたい。メタボに着目した独自の保健指導で実績を上げ、〝スーパー保健師〟と呼ばれたこともある、大阪大学大学院医学系研究科特任准教授の野口緑氏に聞いてみた。

そもそも肝臓の数値は何を示しているのだろうか?

「肝臓の細胞から**酵素**がどれぐらい血液中に流れ出てきているかを示しています。肝細胞の1つ1つは、いわば小さな工場で、その中では作業員が常に働いています。肝臓は、そんな小さな工場が集まった〝**スーパー工場**〟ですね。肝細胞では、糖質や脂質、アミノ酸を材料にコレステロールや中性脂肪を合成したり、プリン体を分解して尿酸を生成したり、アルコールや薬剤を解毒したりと、さまざまな仕事をしています。しかし肝細胞の労働が過多になると、肝細胞は壊れてしまい、それによって本来、細胞内にある**AST**や**ALT**、

γ－GTPなどの酵素が血中に出てくるのです（※）」（野口氏）

普段なら作業員が小さな工場内（肝細胞）で作業を行い、合成したたんぱく質、コレステロールなどの栄養や、解毒してきれいになった物質だけを送り出す。だが、過剰労働によって作業員が疲弊し、作業が追い付かなくなって工場が壊れ、本来、工場内にあるべきもの（酵素）が外へと流出してしまうわけだ。

サプリのとり過ぎで数値が上がることも

野口氏によると、「ASTやALT、γ－GTPの数値が高い状態は、会社に例えるなら、仕事をさせすぎる〝**ブラック企業**〟そのもの」。つまり肝臓の数値が高い人は、作業員に過剰労働を課す、〝ブラック企業の社長〟ということになる。

そして、過剰労働をさせてしまう原因は、やはり酒なのだろうか……？

「もちろん、お酒は肝臓の数値を上げる主たる原因の1つです。ただそれ以外にも、おつまみの食べ過ぎ、それによる体重増加が原因になっている場合もあります」（野口氏）

野口氏によると、「ALTの数値が高い場合は、選ぶおつまみに問題がある可能性もある」

※肝細胞の障害の直接的な原因は「炎症」であり、その炎症はアルコールやアセトアルデヒドの毒性、多量の脂肪の蓄積などによって起きている可能性がある

という。

「**揚げ物やチーズ**を多く含むような、脂質過多で、カロリーが高いおつまみを選びがちで、ＡＬＴの数値が高い人は、脂肪肝であるケースが多々あります。昨年と比べて体重や中性脂肪が増えている人も要注意です。また、やせているからと油断をしてはいけません。やせている人は、皮下脂肪で蓄えられる脂肪の量が少なく、脂質過多の料理を食べ過ぎると、収まり切らなかった中性脂肪が肝細胞に収められて**脂肪肝**になってしまうのです」（野口氏）

酒好きの知人で、体形は明らかにやせているのに脂肪肝と診断された人がいる。肝機能の数値はすべて基準値を超え、中性脂肪は３８０。彼が好むつまみは、確かにフライドポテトやピザなど、脂質たっぷりのものばかりだ。

野口氏はまた「**サプリメント**も肝臓の数値を上げることがある」と話す。

「実はサプリメントは、肝臓の仕事を増やしています。肝臓に良いと言われているサプリメントはたくさんありますよね。オルニチンやクルクミンなどの成分は、確かに有用かもしれません。しかし、サプリメントの錠剤を固めたり、形を保つために使ったりする基剤に含まれる化学物質は、肝臓で解毒する必要があります。つまり、とり過ぎたら肝臓には負担が大きいのです。健康指導をした方の中で、サプリメントをやめたらＡＳＴの数値が下がった人もいます。特にリーズナブルなサプリメントは安価な基剤を使っている可能性があるので、注意しないといけません」（野口氏）

肝臓などに良かれと思って多種多様なサプリメントを飲んでいる人は少なくないはず。酒を飲む前に飲むためのサプリメントも、避けたほうが賢明なのだろうか？

「保健師の立場からすると、サプリメントよりも、**お酒の合間にお水を飲んで、血中アルコール濃度を上げすぎない**ほうが、肝臓には良いと言えます。余計なものを体の中に入れて肝臓の仕事を増やさないことをお勧めしたいですね」（野口氏）

まさかサプリメントが肝臓の仕事を増やし、数値を上げる場合があるとは思わなかった。サプリメントを飲んでいてＡＳＴの数値が高い人は、1カ月程度サプリメント断ちをし、数値が変わるかどうか見てみよう。サプリメントをやめて数値が下がった場合は、サプリメントに原因があったということになる。

肝臓の硬さを示すある数値

武蔵野赤十字病院
名誉院長
泉並木

日常的に大量に飲み続けると線維化する

「**肝硬変**」――。

普段から肝臓を酷使している我々酒好きが、最も恐れる病気の1つである。

アルコールとの関係が深い肝硬変は、実際、酒好きの著名人も罹患している。直近では、女子プロレスのブル中野さんの闘病が記憶に残っている。漫才師の横山やすしさんなどは、肝硬変を患った末にこの世を去った。

私事だが、かつてよく通っていたスナックのマスターも、肝硬変によってこの世を去った。まだ50代の若さだった。酔うと客のボトルにまで手をつけるほどで、毎日の二日酔いをさらなる酒でまぎらわせるような飲み方をしていた。壮絶だった彼の最期の様子を常連客から聞き、肝硬変の恐ろしさに背筋が寒くなったのを今でも覚えている。

武蔵野赤十字病院の名誉院長で、「肝臓のスペシャリスト」として名高い泉並木氏に、そもそも肝硬変とは、肝臓がどのような状態になることなのか聞いてみた。

「肝硬変は、肝臓の組織が**線維化**することで、肝臓が硬くなってしまう状態を指します。硬さの原因は**コラーゲン**です。大量のお酒を日常的に飲み続けたり、肝臓の細胞に脂肪が蓄積したり（脂肪肝）、ウイルスに感染したりすることで肝臓に**炎症**が起こります。炎症が続くと、合成されたコラーゲン線維が増えていき、それが肝臓を硬化させ、肝機能を低下させていくのです」（泉氏）

線維化とは、線維組織が増え、臓器などの組織が線維成分に置き換わり、硬くなっていくことだ。肝硬変になると、肝臓がんの発症リスクも高くなる。この恐ろしい肝硬変は、どのように診断するのだろうか。

「通常は、肝臓の細胞を採取し、検査によって判断します（肝生検）。それよりも簡易な方法としては、**超音波（エコー）**で肝臓の硬さを調べる『超音波エラストグラフィー』や、**MRI**（核磁気共鳴画像法）で硬さを調べる『MRエラストグラフィー』などがあります」（泉氏）

男性の乳房が大きくなることも

肝硬変の主な原因は、アルコールの多飲のほか、肥満とも関連する脂肪肝、C型肝炎やB型肝炎などのウイルス感染、自己免疫により起こる炎症などがある。それでは、肝硬変になるとどのような症状が起きるのだろうか。

「初期の肝硬変は症状がほとんどありません。この時期の肝硬変を『**代償性肝硬変**』と呼びます。まだ肝臓の機能がある程度保たれていますが、肝臓が無理をして働いているために、機能の低下が起こりやすい状態です。症状がほとんどないとは言うものの、むくみが出やすくなったり、首や胸などに赤い斑点が出たり（クモ状血管拡張）、男性の乳房が大きくなったり（女性化乳房）する場合があります」（泉氏）

代償性肝硬変の段階で気づき、治療を行えば、より重篤な症状を伴う「**非代償性肝硬変**」へと進行するのを防げるという。それでは、非代償性肝硬変ではどのような症状が起きるのだろうか。

「非代償性肝硬変の段階では、全身の倦怠感や、腹水がたまって下腹が出たり、血液凝固因子が肝臓で作られなくなることで血が止まりにくくなったり、皮膚や白目が黄色くなる

全身の倦怠感

疲れやすく食欲がない

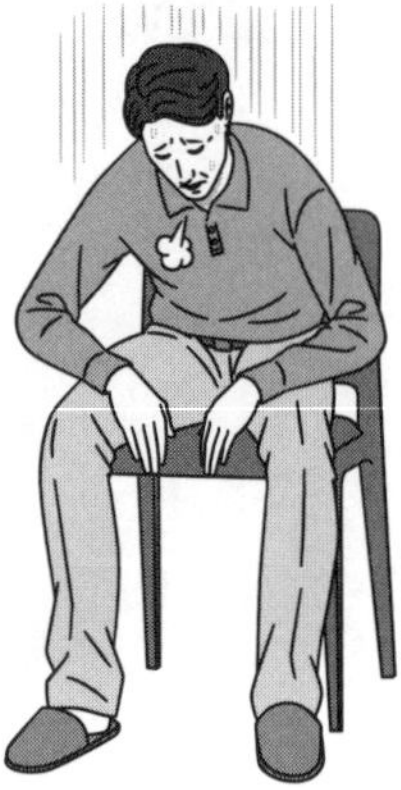

腹水

水がたまって
下腹が出る

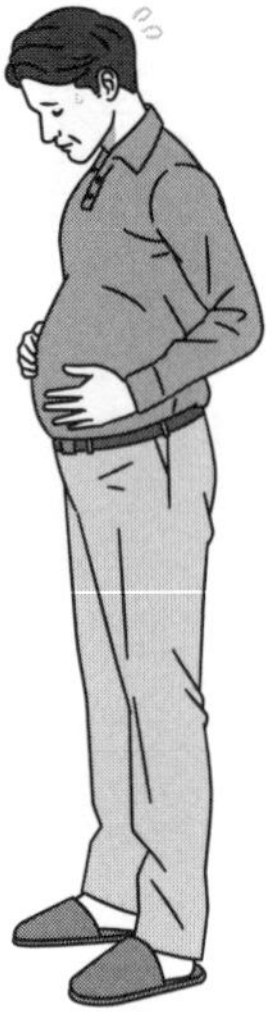

黄疸

皮膚や白目が黄色くなる

肝性脳症

物忘れがひどくなりもうろうとする

（黄疸）といった症状が表れます」（泉氏）

ブル中野さんの記事を読むと、腹水がたまったり、大腸ポリープを切除した際に出血が止まらなかったりするなどの症状が出たことが分かる。

そして、その影響は脳にも出てくる。

「肝臓が働かなくなると、アンモニアが十分に分解されなくなり、脳へと回ってしまいます。それによりもうろうとしたり、計算ができなくなったり、人の特定ができなくなったり、ひどくなると車の運転ができなくなったりもします。これを『**肝性脳症**』と言います」（泉氏）

分解できなくなったアンモニアが脳に届くなんて、考えただけでも身の毛がよだつ。そして、肝硬変の合併症で死に至ることもある。最近では、「機動武闘伝Gガンダム」「H2」などのアニメソングで知られる歌手の鵜《う》島《しま》仁文《よしふみ》さんが、肝硬変の合併症である「**食道胃静脈瘤破裂**」で亡くなった。

「腸や胃、脾臓などから流れてくる血液は、『**門脈**』と呼ばれる血管を経由して肝臓に届きます。腸で吸収された栄養素は、こうして肝臓に運ばれ、代謝されるのです。しかし肝硬変になると、本来肝臓に流れるはずの血液が違うルートを通るようになります。その血液は、食道や胃の表面を通る血管を流れるようになり、その結果、食道や胃の血管が太くもろくなり、やがて静脈瘤ができてしまうのです」（泉氏）

特に食道に静脈瘤ができると、食道の内側に凹凸ができ、硬い物を食べるなどの刺激で傷つき、大出血を起こすことがある。「肝硬変の場合、出血すると血が止まりにくくなるため、食道胃静脈瘤が破裂すると命に関わる一大事になるのです」（泉氏）

肝臓がんの手術に耐えられないことも

肝硬変になってしまうと、治療によって正常な肝臓に戻すことはできない。治療では、肝臓の慢性的な炎症の原因を取り除き、低下した肝臓の機能を補い、腹水や肝性脳症などの合併症の症状を改善する。すると、非代償性肝硬変であっても、治療によって代償性肝硬変へと戻る場合もあるという。

また、「肝硬変が恐ろしいのは、**肝臓がん**ができやすいこと」だと泉氏は話す。

「肝臓がんの治療で最も根治性が高いのは、がんができた部分を手術で取り除く治療法です。しかし、肝臓の予備能力がある程度保たれていなければ、手術はできません。肝硬変

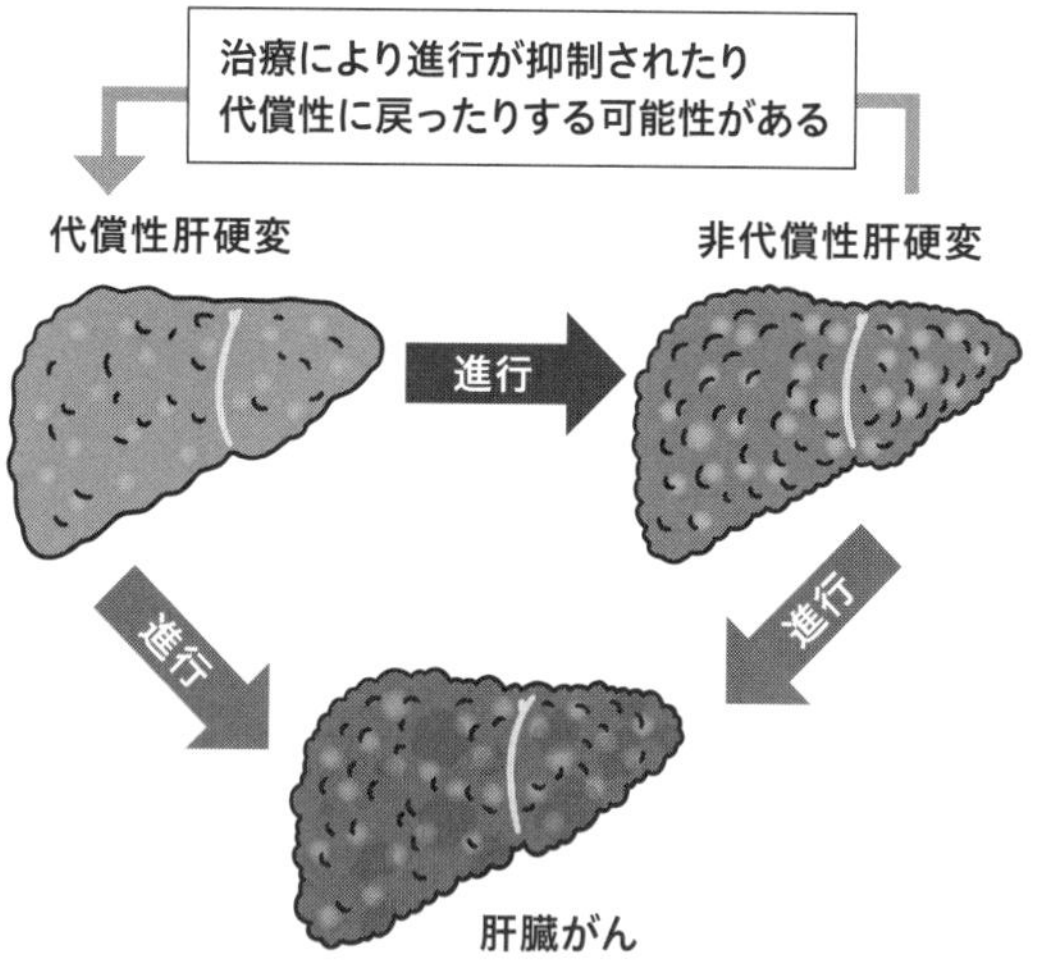

の患者さんは、すでに肝臓の機能が低下しているため、手術に耐えられないことも多いのです。また、肝硬変の症状として出血が止まりにくいことも、手術を難しくする原因の1つになっています」（泉氏）

肝臓の線維化の程度を予測する数値

恐ろしい肝硬変に至らぬよう、その前の段階からケアすることが重要だ。多くの酒好きは、脂肪肝を抱えている。脂肪肝を放っておくと肝硬変に進んでしまうことがあるため、要注意だ。

しかし、脂肪肝があったり、慢性的に肝臓に炎症があったりする人が、自分の肝臓が肝

$$\text{FIB-4 index} = \frac{\text{年齢(歳)} \times \text{AST(IU/L)}}{\text{血小板数}(10^9/\text{L}) \times \sqrt{\text{ALT(IU/L)}}}$$

※10^9/L＝0.1万/μL

硬変へと進行してしまうリスクに、どうやって気づけばいいのだろうか。昔から「沈黙の臓器」と呼ばれるように、肝臓は少々その機能が低下しても、自覚症状はない。

「**ＦＩＢ-４ ｉｎｄｅｘ（フィブフォー・インデックス）**という数値によって、肝臓の線維化の程度を予測することができます。このＦＩＢ-４ ｉｎｄｅｘとは、健康診断や人間ドックの血液検査で測定する、ＡＳＴ、ＡＬＴ、血小板数と、年齢を使って計算します」（泉氏）

日本肝臓学会のホームページ（＊1）などでは、ＡＳＴ、ＡＬＴ、血小板数と年齢を入力すると、ＦＩＢ-４ ｉｎｄｅｘを計算してくれる。一度やってみよう。

ＦＩＢ-４ ｉｎｄｅｘの基準値は、1・3以下が「線維化のリスクは低い」、1・3より大きく2・67未満が「線維化が進んでいる可能性あり」、2・67以上が「4～8割が肝硬変。また線維化が進んでいる可能性あり」となっている。基準値としては、1・3

より大きい場合は病院を受診したほうがいいとあるが、泉氏は「ＦＩＢ‐４ｉｎｄｅｘが1を超えていれば、肝臓専門医を一度受診することをお勧めします」と話す。

ちなみに筆者の場合は、「０・12」という結果だった。基準値よりも低いが、これに安心することなく、引き続きケアに留意したい。

「ＦＩＢ‐４ｉｎｄｅｘはあまり知られていない数値ですが、現実を直視するためにもぜひ一度計算してみていただきたいですね。数値が悪い場合は放置せず、病院でＭＲＩなどで肝臓の硬さを調べてもらうことが大切です。肝臓の数値が悪いのに、病院に行きたがらない方が多くいらっしゃいますが、肝障害を甘く見てはいけません。完治が難しくなる肝硬変に至る前の段階で、ケアしておきましょう」（泉氏）

酒好きの多くは禁酒や減酒を言い渡されるのが嫌なのか、積極的に病院に行きたがらない。あとで「早く病院に行けばよかった」とならないためにも、自分の肝臓の現状を把握したい。

あなどれない脂肪肝

武蔵野赤十字病院
名誉院長
泉並木

脂肪肝から肝硬変へ

酒飲みなら誰もが恐れる「肝硬変」。「肝臓のスペシャリスト」として名高い、武蔵野赤十字病院名誉院長の泉並木氏によると、肝硬変そのものはもちろん、食道胃静脈瘤などの恐ろしい合併症によって死に至ることもあるという。

肝硬変は、肝臓の組織が線維組織に置き換わることで「線維化」が進み、肝臓が硬くなってしまう病気だ。大量のお酒を日常的に飲み続けたり、肝臓の細胞に脂肪が蓄積したり（脂肪肝）、ウイルスに感染したりすることで肝臓に炎症が起こり、その炎症が続くと次第に肝臓の線維化が進み、肝機能が低下していく。

肝硬変を引き起こす原因のうち、酒飲みにとって身近なのが「**脂肪肝**」である。筆者の周囲の酒飲みも脂肪肝を抱えている人が少なくない。そして、健康診断などで脂肪肝を指摘されても、病院に行くどころか、「脂肪肝って言われちゃってさ〜。でも相変わらず飲んでいるよ」と〝脂肪肝自慢〟をする酒飲みの多いこと！　ほとんどの人が「たかが脂肪肝」と思っているようだ。

「脂肪肝とは、肝臓に脂肪がたまった状態を指します。一般的に肝臓の細胞の**約3割以上**に脂肪がたまると、脂肪肝と診断されます。その数は、ざっくりと約3000万人とも言われています。自覚症状がないこともあって脂肪肝を軽視する方が多く、医療機関を受診する人が少ないのが現状です。脂肪肝になると、肝硬変だけでなく、動脈硬化や心筋梗塞、脳卒中などのリスクも高まるので、決して油断できません。男性に多い疾患ですが、閉経後の女性も注意が必要です」（泉氏）

「非アルコール性」でも安心できない

脂肪肝には、「**アルコール性**」と「**非アルコール性**」があると聞く。先生、われわれ酒飲みが関係するのは、やはりアルコール性の脂肪肝ですか？

「実は、そうとも限らないのです。もちろん、毎日記憶を失うほど大量に飲み続けている人が脂肪肝になった場合、『アルコール性』である可能性は高い。でも、そこまで大酒を飲んでいないけれども、結構お酒を飲んでいる人が『非アルコール性』の脂肪肝だと診断されることもあります。すると、『自分は非アルコール性だから大丈夫だ』と油断してお酒を飲み続けて、それが脂肪肝を悪化させてしまうことがあるのです」（泉氏）

確かに、もし自分が「非アルコール性」の脂肪肝だと〝お墨付き〟をもらったら、安心して晩酌してしまいそうだ。

「以前は、1日にこれぐらいの量の飲酒をする人はアルコール性の脂肪肝だ、と決められていました。ところが、最近は学会で、そういった基準量を決めるのは難しいのではないか、という議論になってきています。それよりも、脂肪肝になったらアルコールの摂取も含めて食生活に気を付ける必要がある、と考えるべきなのです」（泉氏）

アルコールそのものにもエネルギー（カロリー）がある。酒を飲めばつまみも進むし、食べ過ぎや飲み過ぎが続けば、脂肪肝も悪化していくのだろう。

「診療の現場にいると、肝硬変が進行したり、肝臓がんになってしまったりする方の多くが、もともと脂肪肝を抱えていて、『若い頃から肥満気味で、お酒もよく飲んでいた』と

いう話をよく聞きます。特に肥満は脂肪肝と関係が深く、注意しなければなりません」（泉氏）

酒を飲むからカロリーオーバーになる

脂肪肝の人が、それを悪化させないためには、酒の飲み方でどのようなことに気を付ければいいのだろうか？

「脂肪肝で、肝臓の細胞に蓄積されているのは、**中性脂肪**です。お酒をよく飲む人は、血液中の中性脂肪の値が高くなりますよね。ですから、まずは飲み過ぎないように気を付けることが大切です。それに加え、食べ過ぎにも注意しなければなりません。摂取エネルギーが消費エネルギーを上回ると、余分なエネルギーが中性脂肪となって体に蓄えられるからです。そのため、脂肪肝が進んでしまいます」（泉氏）

中性脂肪は酒飲みにとっては悩みのタネ。「中性脂肪を減らしたいのに、なかなか減らない」と嘆く酒飲みも多い。

「お酒は『エンプティカロリー』、つまりエネルギーがないと勘違いしている人もいますが、そうではありません。『ビール1杯＝ご飯一膳のエネルギー』と考えるようにしましょう。お酒を飲むのであれば、その分の食事を減らさないとカロリーオーバーとなり、肥満につながります。また、お酒を飲む際に油もの（脂質）を多くとると、やはり中性脂肪の蓄積につながりやすくなるので注意が必要です」（泉氏）

酒と一緒に食べる揚げ物のおいしさといったらないのだが、脂肪肝にとっては「悪」でしかなさそうだ。

泉氏によると、できれば週2日程度の休肝日を取るのが理想だという。その上で、酒を飲む日も日本酒に換算して2合以下に抑えることが大切だ。

夜の飲食の時間を早くする

何をどれだけ食べたり飲んだりするか、ということに加え、そのタイミングについても問題になってくるという。

「実は、コロナ禍になってから、夜の飲食の時間が早まって、そのおかげで肥満が解消された人が増えました。リモートワークが普及し、通勤がなくなったり働き方改革が進んだりした結果、夜遅くに帰宅して夕食をとり、晩酌をするという生活がなくなり、健康的になったんですね。ですから、**就寝の2時間前には夕食を済ませる**ことをお勧めします。食事は決まった時間にとり、間食も減らしましょう」（泉氏）

確かに、夕飯の時間を早くすると体重が減るのは、実体験をもって分かる。

泉氏によると、食生活に加え、運動もまた脂肪肝を防ぐ大きなポイントになるという。

「ウォーキングなどの有酸素運動で肥満を予防するほか、スクワットなどの**筋トレで筋肉を増やす**ことが大切です。『筋肉は第二の肝臓』と言われているのをご存じでしょうか？筋肉が減るとエネルギー消費が落ちるため、脂肪肝になりやすいのです。特に年齢を重ねると、筋肉の衰えに加え、アルコールを分解する力も弱くなるため、肝臓にとってはダブルのダメージになります」（泉氏）

泉氏によると、「脂肪肝に直接効く薬はない」という。そのため、食事や運動を含めた生活習慣全般の見直しが脂肪肝改善の近道となる。

「脂肪肝はいったん改善してもリバウンドしやすい疾患です。日常的に継続できる無理のない運動に加え、バランスの良い食事、そして適量の飲酒を心がけましょう」（泉氏）

脂肪肝の名称変更に込められた意味

肝臓専門医
浅部伸一

「非アルコール性」とは呼ばれなくなった

酒好きにとって気になるのは、肝臓の疾患。特に怖いのは、肝硬変や肝臓がんだ。そして、それらに比べてなぜか軽視されてしまうのが、「**脂肪肝**」である。筆者の周囲でも脂肪肝を抱えている酒好きはたくさんいるが、往々にして「いや〜、医者から脂肪肝って言われちゃったよ」とにやにや笑いながら話す。

だが、脂肪肝になると、肝硬変のリスクが上がるだけでなく、動脈硬化や心筋梗塞、脳卒中につながる恐れもある。決して軽視してはならない。

そんな脂肪肝について、肝臓専門医の浅部伸一氏から、「脂肪肝の名称が世界的に変更された」と聞いた。しかもその名称変更には、深い意味が込められているという。

「脂肪肝には、『アルコール性』と『非アルコール性』がある、と聞いたことがあるでしょ

非アルコール性脂肪性肝疾患（NAFLD《ナッフルディー》）

↓

代謝機能障害関連脂肪性肝疾患（MASLD《マッスルディー》）

非アルコール性脂肪肝炎（NASH《ナッシュ》）

↓

代謝機能障害関連脂肪肝炎（MASH《マッシュ》）

う。しかしその『非アルコール性』というのが実態を表しておらず、誤解を招きやすいということもあって、２０２４年に名称が変わったのです」（浅部氏）

確かに、「非アルコール性」の脂肪肝と言われたら、「なんだ、酒を飲んでも問題ないのか」と思ってガブガブ飲んでしまいそうだ。

「アルコール性ではない場合、食べ過ぎや運動不足などで肝臓に脂肪がたまることを『非アルコール性脂肪性肝疾患（ＮＡＦＬＤ《ナッフルディー》）』と呼んでいました。しかしこれが、『**代謝機能障害関連脂肪性肝疾患（MASLD《マッスルディー》）**』という名称になったのです」（浅部氏）

このＭＡＳＬＤの「Ｍ」には重要な意味がある。

「この『Ｍ』は、**メタボの『M』**です。背景にメタボがあることが強調されるようになりました。つまり、肝臓に脂肪が蓄積しているだけでなく、高血圧や高血

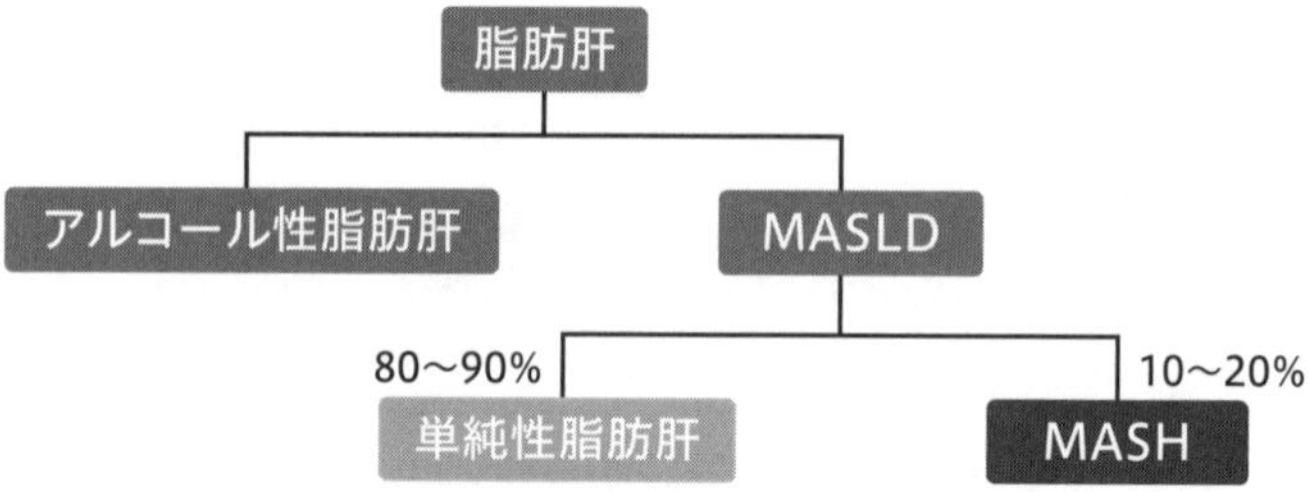

糖、脂質異常などが組み合わさって、健康を害する恐れがあるというわけです」（浅部氏）

そして、MASLDの80〜90%は、長期にわたって経過を見ても脂肪肝のままで、肝臓の病気は進行しない。これを「**単純性脂肪肝**」という。しかし、残りの10〜20%は徐々に悪化して、肝硬変や肝臓がんを発症することがある。この脂肪肝から少しずつ進行していく病気のことを、かつては、「非アルコール性脂肪肝炎（NASH《ナッシュ》）」と呼んでいたが、これも「**代謝機能障害関連脂肪肝炎（MASH《マッシュ》）**」という名称になった。

メタボと酒の両方の影響がある新たな脂肪肝も

ただでさえ、酒好きはメタボ気味の人が多い。酒にはエネルギー（カロリー）が含まれている上に、つまみの食べ過ぎでも太ってしまう。脂肪肝と言われたら、アルコールを含めた食生活の見直しに取り掛からねばならないのだ。
そして浅部氏によると、脂肪肝の種類がもう1つ新設されたという。
「ＭＡＳＬＤやＭＡＳＨという新名称への変更に加えて、新たな脂肪肝の種類も定められました。それが、**代謝機能障害アルコール関連肝疾患（ＭｅｔＡＬＤ《メットエーエルディー》）**です」（浅部氏）
これはいったいどういうことだろうか。従来は、飲酒量が1日当たり純アルコール換算で60ｇ（女性は50ｇ）以上の人の脂肪肝をアルコール性、30ｇ（女性は20ｇ）以下を非アルコール性と呼んでいた。つまり、30～60ｇ（女性は20～50ｇ）の飲酒量の人は特に統一された名称がなかった。それを、ＭｅｔＡＬＤと呼ぶことになったのだ。
「ＭｅｔＡＬＤはお酒とメタボの両方の影響があると考えられる脂肪肝というわけです。ただ、ＭｅｔＡＬＤの人にどれくらいの疾病リスクがあるのかは、まだ研究段階で分かっていません」（浅部氏）
また、30～60ｇというのは欧米での基準であり、日本にはもともとアルコールの分解能力が低い人が欧米に比べて多いので、これぐらいの飲酒量でかつ脂肪肝の人が、どのように酒と付き合っていけばいいのかは、考えなくてはならないだろう。ひょっとしたら、1日60ｇを超える大酒飲みの人よりも、30～60ｇに収まる人のほうが、日本では多数派かもしれない。

「日本人の場合、欧米人ほど太っていなくても、糖尿病や脂肪肝になりやすい傾向にあると言われています。米国では、ＢＭＩが30くらいあっても脂肪肝にならない人がいる一方で、日本ではＢＭＩが25前後で脂肪肝になる人もいます（肥満とされるのは欧米でＢＭＩ30以上、日本で25以上）。このような体質の違いには、腸内細菌や遺伝子が影響しているのではないかとも考えられていますが、真相はまだ分かっていません。いずれにせよ、脂肪肝は増加傾向にあるので、注意が必要です」（浅部氏）

また、もし健康診断で脂肪肝の疑いを指摘されたら、「**フィブロスキャン検査**」を公的医療保険で受けることができ、浅部氏はこれをお勧めしている。

フィブロスキャン検査は、肝臓の硬さと脂肪量を測定する検査だ。右脇腹の表面に、振動と超音波を伝える特殊なプローブ（測定用の器具）を当て、振動と超音波の伝わり方で肝臓の状態を判別する。

この検査では、皮下脂肪の厚みに応じて異なるプローブを使用する。そして、皮下脂肪があまりにも厚いと、測定が難しくなるという。それを考えても、やはり肥満には気を付けたい。

肝機能値より気にすべきこと

大阪大学
特任准教授
野口緑

結果を全体的に見て血管の状態を把握する

酒をよく飲む人が健康診断の結果を見るとき、つい肝機能の数値にばかり目が行きがちだ。もちろん飲酒で日々、肝臓を酷使しているのだから、肝臓の状態をチェックすることは重要だ。

だが、大阪大学大学院医学系研究科特任准教授の野口緑氏によると、肝臓の数値を悪化させる原因は酒だけでなく、食べ過ぎによる肥満やサプリメントなど多種多様だ。また、それに加えて、健康診断の結果では肝臓の数値だけに気をとられていてはいけないのだという。

「お酒を好きな方は、肝臓の数値だけを見がちかもしれませんが、ほかのデータと併せて見ることが大切です。血圧、血糖値などと一緒に見ることで、**血管障害**のリスクを把握することができます。『人は血管から老いる』などと言われるように、血管の状態にその人の健康状態が現れます。データを総合的に見て、まずは自分の血管がどういう状態にあるかを知ることが重要です」（野口氏）

野口氏が提唱する、健康診断の結果から血管の状態を把握する方法は、次のような図を活用する。この図で「**肝機能**」「**腹囲**」「**中性脂肪**」「**血圧**」など、健康診断の結果で異常値が出た項目にチェックを入れていくと、自分の血管の状態がどのような段階にあるのかが分かる。

例えば、**BMI**（体重［kg］を身長［m］の2乗で割ったもの）や中性脂肪、**γ-GTP**が基準値を超えていた場合、血管の状態は最初の「潜在的に進行する段階」にある。そして、血圧や**LDL（悪玉）コレステロール**も基準値を超えてきたら、2番目の「血管が傷み始める段階」になったということだ。

この図は分かりやすい。というか、健康診断のさまざまな検査項目をこのようにまとめることで、血管の状態を把握できるなんて知らなかった。

酒が好きで、肝機能以外にも、血圧や中性脂肪、血糖の数値が悪い場合、対策として、それぞれの薬やサプリを飲めばいいのかと思ってしまうが、野口氏によると、そのような

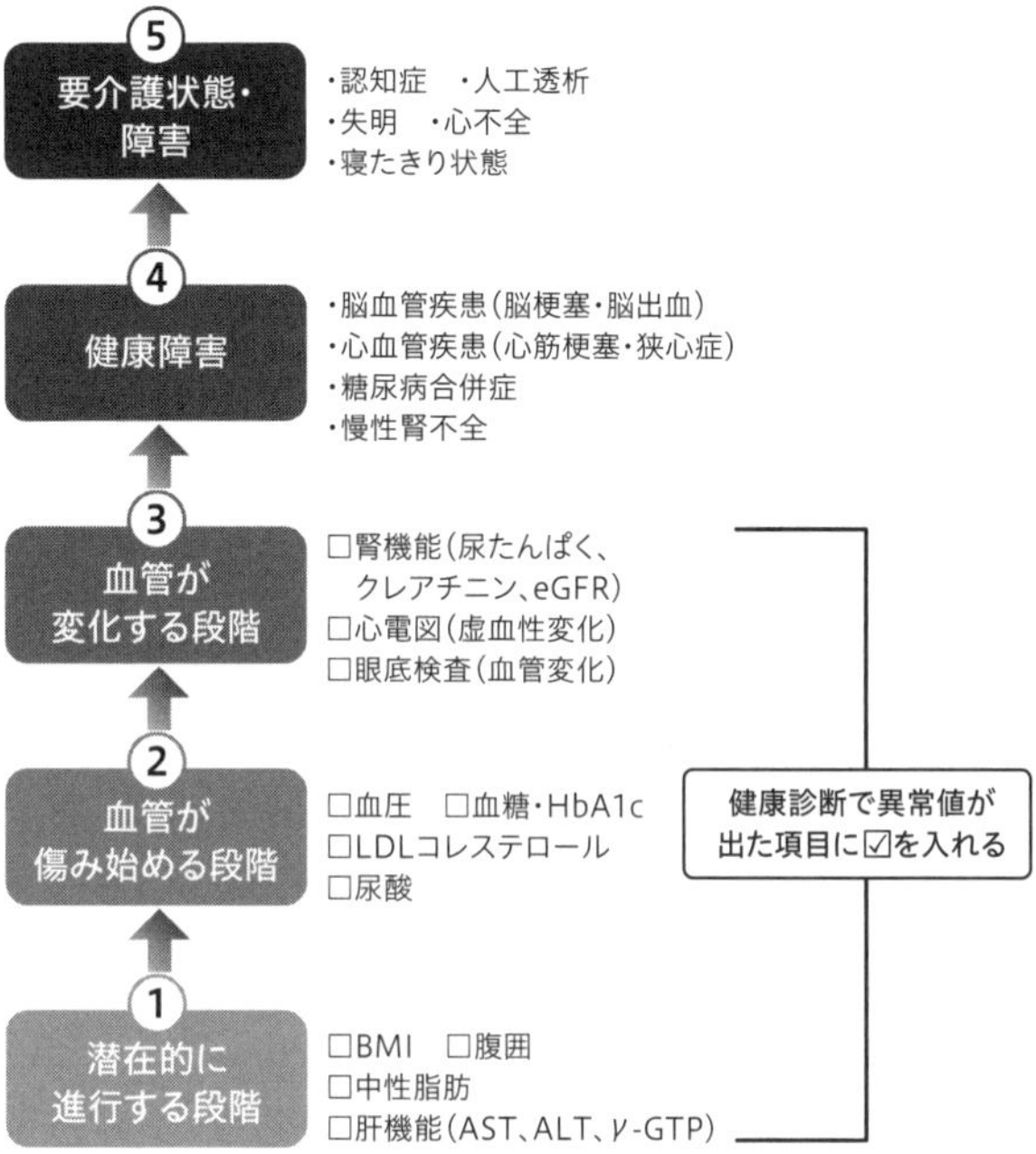

「もぐらたたき」ではダメだという。

「健康診断の結果が悪いときの対策は、もぐらたたきではなく、『だるま落とし』が正解です。血管の状態を表す図では、ある段階の項目の原因が、1つ下の段階の項目にある場合が多いのです。例えば、第2段階の血圧と血糖にチェックが入っていて、第1段階のBMIと腹囲にチェックが入っていた場合、血圧と血糖が高い原因はBMIと腹囲にある、つまり『食べ過ぎなどで内臓脂肪が多い肥満になっている』のが諸悪の根源である可能性が考えられます。だるま落とし式で行う対策としては、第1段階のBMIと腹囲を退治する、つまり減量ということになります」（野口氏）

なるほど、第1段階の項目を改善すれば、自然と第2段階の項目も良くなっていくというわけか。下の段階から原因を根こそぎ対策するから「だるま落とし」式なのである。

野口氏はまた「昨年の健康診断の結果をキープしておくとよい」と話す。過去のデータと比較することで、現在のデータがどのような生活習慣から引き起こされているのかを知る手がかりになるからだ。

度数の高い蒸留酒を飲むと中性脂肪が上がる

それでは、血管の状態をそれ以上、悪化させないために、酒好きが注意したほうがいいことは何だろうか。

「お酒が好きな方は、どのような種類のお酒を飲むのがいいのかに興味があるでしょう。例えば、蒸留酒は糖質ゼロだから醸造酒よりもいいと思われがちですが、そうとも限りません。**蒸留酒でアルコール度数が高いものは、中性脂肪が高くなりやすい**。中性脂肪がやたら高い人で、普段、アルコール度数の高い蒸留酒を飲んでいる方は、度数の低いハイボールなどに変えましょう。また、内臓脂肪が多かったり、脂肪肝だったり、血糖値が高い方は、口当たりのいい甘いカクテルや、チューハイはやめたほうがいいでしょう。糖度・カロリーともに高く、内臓脂肪をためやすいからです」(野口氏)

実際、過去に野口氏が健康指導をした中でも、こうした対策は多くの場合、結果を出してきたという。

「ASTが高いワイン好きの方に1日の飲酒量を計算していただいたところ、純アルコールに換算して60gを優に超えていました。最初の1杯をノンアルコールビールに変え、トータルの飲酒量を減らしてもらったところ、数値が改善しました。また市販の甘いチューハイをよく飲むという方が、自分でノンシュガーのチューハイを作るようにしたところ、内臓脂肪が減ったケースもあります」(野口氏)

なるほど。ノンアルコール飲料をうまく取り入れたり、チューハイやハイボールなどは自分で作ってアルコール度数や糖質を減らしたりするなどの工夫で、数値は改善するということか。これならすぐに取り入れられそうだ。

つまみの塩分を減らすコツ

ただ、なかなか難しいのが、高血圧の原因にもなる塩分のとり過ぎだ。酒のつまみは塩分が多いものが多く、飲み会の日はたいてい塩分過多になってしまう。

「すべての料理で塩分を控えめにすると物足りなくなるので、メリハリをつけ、1品は炒め物やお好み焼きなど塩辛いものを選ぶようにするのがお勧めです。また、カボスなどの柑橘系フルーツを魚料理などにかけると、味に深みが出て、薄味でも満足できます。刺身や冷ややっこのように、自分で醤油の量が加減できるおつまみなら、醤油をつけ過ぎないようにして調整しましょう。意外と注意が必要なのは、サラミや干物です。水分を飛ばしているので、塩分濃度が高くなっているからです」(野口氏)

刺身を醤油につける際は、べったりとつけるのではなく、端っこにちょこっとつけるのが理想だ。食べ終わったとき、醤油皿に醤油が残っていなければ、それだけで3gの塩分を摂取したことになる。高血圧を予防するためには、1食につき2gの塩分摂取を目安としたい。

また、焼き鳥や焼き肉は、タレ味よりも塩味を選ぶようにしたい。タレ味だと、塩分だけでなく、糖分もとることになるという。

掃除や洗濯など家事も軽い運動になる

野口氏は、日常の生活習慣についてもアドバイスをしてくれた。

「ALTやγ-GTPの数値が高い人は脂肪肝の可能性が高く、腹囲が基準値を超えている人も内臓脂肪が多いので、そういった方は身体活動量を増やすことが大切です。激しい運動でなくても、10分間くらいの軽い運動を小分けに6回ほど行うのがいいでしょう。お風呂掃除や掃除機をかけるなどの**家事で体を動かす**のでもOKです。家事は結構な活動量になりますからね。また、汗がにじむくらいの早歩きや、エレベーターの代わりに階段を使うなども有効です。エネルギー消費が多くなることで、脂肪肝や内臓脂肪の改善につながります」（野口氏）

こうやって話を聞くと、保健指導で多くの人の健康状態を改善してきた野口氏だけに説得力を感じる。健康診断の結果を軽視して、その後の保健指導を受けないのは実にもったいない。

「せっかく保健指導を受ける機会があるのに、自ら無駄にしてしまうのは惜しいですよね。保健指導は自分の生活を見直す絶好のチャンスですから。いろいろな話が出るかもしれませんが、中にはきっと自分にとって役に立つ情報があるはず。肝機能が悪い場合、肝臓にとっての特効薬は、十分に休養させ、必要な栄養を与えてあげることに尽きます。肝臓を酷使する〝ブラック企業の社長〟にならないためにも、自分の体から出てくる声に耳を傾けましょう」（野口氏）

第4章

酒を飲むなら筋トレしたほうがいい理由

酒好きトレーナーの提言

フィジカルトレーナー
中野ジェームズ修一

酒を飲みたいがために運動するのはアリ

お年頃（中年）の酒好きにとって、悩ましいのが飲み過ぎ、食べ過ぎによる**肥満**である。飲み会が増えると、それに比例して体重も正直に右肩上がりになる。だが怖いのは、体重だけでなく中性脂肪や血糖値をはじめとする健康診断の数値が悪化することだ。つまり、体重を気にすべきなのは女性だけではなく、男性も、なのだ。

ほとんどのドクターが「肥満は万病の元」と言うように、太るとそれが**糖尿病**や**高血圧**などの生活習慣病につながってしまう。それが分かっていても、酒を飲むのはなかなかやめられない。

しかし、一部の酒飲みは、「酒を飲み続けるために、運動する」という覚悟がある。かくいう筆者も、酒を飲みたいがために、せっせとウォーキングやホットヨガをしたり、ごく軽い筋トレをしたりする〝**酒アスリート**〟だ。

ただ、一時期より体重を8kg落としたものの、飲み会が続くと、どうしても太ってしまう。もしや我流の運動だから効果が小さいのだろうか？　何とかしておいしい酒と料理を楽しみながら、体重を維持したいものだ。

そこで、酒飲みにとって効果的な運動法と生活習慣について、自身も酒好きというフィジカルトレーナーの中野ジェームズ修一氏に指南してもらおう。中野氏は、箱根駅伝で毎年のように見事な成績を収める青山学院大学駅伝チームや、数々のオリンピック選手の指導も行っている、日本を代表するトレーナーだ。

最初に聞きたかったのは、「酒を飲むために運動する」という考え方はそもそも正しいのかということだ。どうだろう？

「正解です。お酒は飲むけれど、特に運動はしないという方が多い中、素晴らしい姿勢だと思います。お酒を飲む習慣があると、オーバーカロリーになりやすいので、摂取したカロリーを運動して消費することは理にかなっています」（中野氏）

正解です、と言われて安堵する。厚生労働省の「国民健康・栄養調査」（2023年）によると、運動習慣のある20歳以上の男性は36・2％、女性は28・6％だった（30分以上の運動を週2回以上実施し、1年以上継続している人の割合)。それだけ、日常的に運動している人は多くはないのだが、「酒を飲み続けたい」という不純な(?)動機でも運動することは良いことなのだ。

ウォーキングだけやってもやせない

とはいえ、運動を習慣化させていても、「なかなかやせない」という酒好きも、筆者をはじめ少なくないだろう。いったいどのような運動をするといいのだろうか。特に、有酸素運動と無酸素運動のどちらがベターなのだろう?

「お酒が好きな方にお勧めしたいのは、圧倒的に無酸素運動、つまり**筋力トレーニング**(筋トレ)です。運動といえばウォーキングしかしていないという方は、積極的に筋トレを運動メニューに加えてみてください。もちろん、有酸素運動も心肺機能が上がるなどの効果が期待でき、健康にいいことは間違いないのですが、お酒をよく飲むという方は筋トレを中心としたメニューがいいでしょう。有酸素運動は、週に1回ほどでも十分。心拍数がある程度上がる負荷でやるといいでしょう」(中野氏)

有酸素運動は週1回でもいいとは目からウロコである。気軽にできることもあり、普段の運動はウォーキングがメインという人も多いはず。中野氏が酒好きに筋トレを勧める理由はこうだ。

「飲酒は、筋肉に大きな影響を及ぼします。理由は2つあります。1つは筋肉の合成に関与する男性ホルモンの一種であるテストステロンの分泌が抑制されること。もう1つは、飲酒によってストレスホルモンと呼ばれるコルチゾールが増加すること。コルチゾールは**筋肉を分解する作用**があるので、注意が必要です」（中野氏）

酒を飲むだけで筋肉が分解されてしまうなんてショック。いや、ショックを受けていないで、せっせと筋トレをしなくては。そのほかにも、酒飲みならではの問題点もあるという。

「お酒ばかり飲んで食事の栄養バランスが悪くなってしまうのも問題です。食事から得られる栄養が不足すると、筋肉を分解してエネルギー源として使ってしまいます。そうやって筋肉が減ると、その分、代謝も減るので、体重が増えやすくなります。こうしたことを踏まえると、お酒好きの方が太らないようにするためには筋トレのほうが重要なのです」（中野氏）

確かに、酒を飲むときはほとんど食事をとらず、杯ばかり重ねるという酒豪もいる。そんな生活を続けていると、栄養不足になって筋肉が減っていってしまうのだ。

よくいわれているように、筋肉が減ってしまうと、太りやすくやせにくい体質になる。筋肉はエネルギーの消費量が多く、食べたり飲んだりして得たカロリーをたくさん使ってくれるからだ。一方、筋肉が減って筋力が衰えると、体を動かすのがおっくうになり、ますます太ってしまいがちだ。

筋トレをした後に酒を飲むのはNG

ところで、筆者の周囲の酒好きたちは、運動後の1杯を楽しみにしているのだが、それは問題ないのだろうか？　素人の発想では「しっかり筋トレをしたんだから、飲んでも大丈夫」と思ってしまうのだが。

「運動後に飲酒をするのはよくありません。筋トレをすると、筋肉を合成する生理作用が高まります。その際、活躍してくれるのがｍＴＯＲ（エムトール）という酵素です。ｍＴＯＲによって、たんぱく質を使った筋肉の合成が活性化されます。しかし残念なことに、お酒はｍＴＯＲの働きを抑制してしまうのです。**筋肉の合成率が３割近く減る**というデータもあります。だったら筋トレ前に飲めばいいと思うかもしれませんが、あまり変わりません。そもそも飲酒後に運動するのは危険です」（中野氏）

酒を飲むために筋トレするといっても、筋トレの前後に飲酒するのはダメなのだ。となると、筋トレをする日は飲まないほうがいいということになるのだろうか……。

「その通りです。月曜日は筋トレの日、火曜日はお酒を飲む日といったように、完全に分けたほうが筋肉をつけるためには有効です。お酒はひと仕事終えたときなどに飲みたくなりますよね。筋トレ後もひと仕事終えたような気になるかもしれませんが、筋肉を育て、太りにくい体質になるためにも、１週間の計画を立て、筋トレと飲む日を分けるようにしましょう」（中野氏）

頭では理解できるのだが、酒好きとしては汗を流した筋トレ後に飲む酒で満足感を得たいのだが……。

「お気持ちは分かります。でも、筋トレをして達成感が得られるようになると、お酒を飲んだときと同じように〝快楽ホルモン〟と呼ばれる**ドーパミン**が分泌されます。筋トレが習慣化すれば、日常的にドーパミンが分泌されやすくなるので、ノンアルコール飲料でも満足できるようになるでしょう。またドーパミンの分泌によって、脂肪が燃えやすくなるといううれしい効果もあります」（中野氏）

筋トレ後に飲みたくなる人は、もしかしたら、ドーパミンが分泌されるほど筋トレができていないのかもしれない。今一度、自分の筋トレ法を見直してみよう。

初心者お勧め「3種目」

フィジカルトレーナー
中野ジェームズ修一

自宅でやるならブルガリアンスクワット

酒を飲む人ほど運動としては筋トレを行ったほうがいい。フィジカルトレーナーの中野ジェームズ修一氏にそう教えてもらい、筆者としても気合を入れて筋トレをせねばと思ったところだ。

では、筋トレはどれぐらいの頻度で行えばいいのだろう。また、筋トレ初心者は、どんな種目がお勧めだろうか？

「できれば**週3回**、最低でも**週2回**は筋トレしてほしいですね。週1回では効果を得にくいと思います。筋トレに慣れていない方は、まずは3種目から始めましょう。スポーツジムで取り組むなら、最もメジャーな3種目である、**デッドリフト、ベンチプレス、スクワット**などから取り組んでもいいでしょう。ジムではなく自宅で行う場合は、自分の体重を重

デッドリフト

背中や太もも、お尻の大きな筋肉を鍛えられる

ベンチプレス

大胸筋をはじめ上半身の大きな筋肉を鍛えられる

スクワット

太ももやお尻などの筋肉を鍛えられる。重りを使って負荷を高められる

いずれも初心者はスポーツジムでやるときに必ずトレーナーの指導のもと行おう

ブルガリアンスクワット

片足を椅子などに乗せて行うので負荷を高められる

りとして使う自重筋トレで、**スクワット、プッシュアップ**（腕立て）、**シットアップ**（腹筋運動）などがいいかもしれません。ただし、両脚で行うスクワットは負荷が低いので、片脚で行う**ブルガリアンスクワット**などがお勧めです。大殿筋や大腿四頭筋など大きな筋肉を鍛えると、トレーニング時のエネルギー消費量も高くなります」（中野氏）

二日酔いにはオレンジジュース

ブルガリアンスクワットは、器具なども必要ない上に、腰への負担も少ないという。お年頃の酒飲みにはもってこいだ。自宅でできるので、しんどい二日酔いのときにもできるかもしれないが、どうだろうか。

「二日酔いのときは筋トレはやめたほうが無難です。二日酔いのときは体が脱水傾向にあるため、運動すると血栓ができる可能性があります。二日酔いのときはまず、**オレンジジュース**を飲むことをお勧めします。オレンジジュースに含まれる果糖は、ゆっくりと血糖値を上げ、アルコール分解を促す効果があります。また脱水も解消してくれるので、一石二鳥です」（中野氏）

中野氏は「朝、目が覚めて二日酔いになっていたら、12時間以上経過してから筋トレをしてください」と付け加えた。いくら筋トレがいいといっても、二日酔いのときにわざわざしなくてもいいのだ。

奥の手は「パーソナルトレーナー」

筋トレを週に2～3回行う。言葉にすると簡単そうなのだが、いざやってみると、途中で挫折してしまう人がほとんど。特に酒が好きな人は、飲むことを優先してしまい、「二日酔いだし、今日はいいか」とさぼってしまいがちだ。継続は本当に難しい……。

「筋トレは、歯磨きなどと同様に、生活の中にルーティンとして組み込んでしまうのがいいでしょう。『月曜日は筋トレの日』などと決め、筋トレをしないと気持ちが悪い、1日が終わった気がしない、という状態までもっていけるといいですね。また、1人ではなく、誰かと一緒に筋トレをすると継続しやすくなります。一緒にやってくれる人がいなければ、**SNS**でもいい。SNSで『今日は筋トレの日です。頑張ります！』などと公言するのです」（中野氏）

なるほど、SNSは多くの人がやっているので、いいかもしれない。それに加え、中野氏が「最強」だと勧めるのは、「**パーソナルトレーナー**をお願いすることです。トレーナーと日時を決めて約束すると、ジムに通わずにいられなくなりますからね」（中野氏）

だが「難しい」と思うのが、トレーナーの選び方だ。私事で恐縮だが、私は以前、現役アスリートでもあるパーソナルトレーナーにお願いした際、腰を痛めたことがあった。確かに筋トレの効果はあったのだが、整形外科に通うはめになり、すっかり懲りてしまった。

「実は昨今、トレーナーがクライアントにけがをさせてしまうことが問題視されています。現役のアスリートだからといって、そのトレーニング方法が誰にでも合うわけではありません。プログラムを作ってもらう際は、自分の体の状態をきちんと伝えることが大切です。また、やはり相性があるので、多くのトレーナーを試してみて、自分と合う人を探してみると失敗が少なくなると思います」（中野氏）

要は現役アスリートかどうかということより、「自分に合う」ことが大事なのだ。中野氏は「トレーナーに、お酒は好きですか？　と聞くのもいい」と話す。酒好きのトレーナーなら、こちらの気持ちも分かるからだ。

つまみなし晩酌

フィジカルトレーナー
中野ジェームズ修一

本当に怖い「サルコペニア肥満」

酒を習慣的に飲んでいると、筋肉が減りやすくなってしまうため、筋トレを週に2〜3回したほうがいい。それと同時に重要なのが食事だ。

筋肉をつけるために筋トレをするのだから、筋肉の材料となる「**たんぱく質**」を食事でしっかりとることは基本だ。

「たんぱく質は、1日に3度の食事でそれぞれとることを心がけてください。例えば、夕食に焼肉でたくさん肉を食べるから、朝と昼はとらなくていい、というのは間違いです」とフィジカルトレーナーの中野ジェームズ修一氏は説明する。

筋肉を効率よく合成するためには、朝食、昼食、夕食でそれぞれしっかりたんぱく質をとることが大切だという。「なるべくバランスの良い食事を心がけて、もしたんぱく質が

足りないなと思ったら、ヨーグルトや卵料理、納豆などをプラスするといいでしょう」（中野氏）

毎日のように酒を飲み続け、かつ、体を動かさないでいると、筋肉が減っているのに、体重が増えてしまうという事態が起きる。つまり、筋肉が減るペースを上回る勢いで、脂肪が増えるというわけだ。これは絶対に避けたい。

「加齢とともに筋肉量が減少することを医学用語で**サルコペニア**といいます。そして、筋肉量が減っているのに脂肪が増えて太ることがあり、これは**サルコペニア肥満**と呼ばれています。筋力が衰えているのに体重が増えてしまうと、体が動かしづらくなるだけでなく、血管の病気のリスクも高くなってしまいます」（中野氏）

普段の食事と一緒に酒を飲む

サルコペニア肥満にならないようにするためには、やはり暴飲暴食には気を付けたほうがいいだろう。酒を飲むのはやめたくないが、食事やつまみで何か工夫はできないだろうか。

特別なつまみは用意せず、普段の食事と一緒に酒を楽しむのがコツ

「食べ過ぎ、飲み過ぎで、オーバーカロリーにならないことが大前提です。コツとしては、お酒を飲むための**おつまみをわざわざ用意しないこと**です」（中野氏）

えぇっ!?　飲むとなったら枝豆などの軽いつまみから、総仕上げのご飯物まで用意するのがデフォルトなのに。ついでにポテチやナッツなどの乾き物もあると最高なのだけれど。

「それは完全に、お酒を飲むためのつまみですよね。肥満を防ぐには、バランスの良い食事が基本。特別なおつまみをあえて用意せず、普通の食事と一緒に飲むようにしましょう。和定食がベストです。満足感を得るためにもご飯はゼロにせず、80g程度とるようにすると、乾き物が欲しいと思わなくなります。晩酌のためのつまみを用意する手間も省けるといえるでしょう」（中野氏）

「今日は飲む日」と決めたら、いそいそとスーパーに行き、飲むためのつまみを買っていたが、確かにそれだと確実にオーバーカロリーになる。飲まない家族と同じ料理にすれば、栄養も偏らないし、飲み過ぎを防ぐことができる。

「あと、テーブルに並べたもの以外は食べないというルールも大事です。酔うと満腹感を感じにくくなるので、必要以上に食べてしまいがちです。それを防ぐためにも、食事を始める前に、今日食べてもいいものをテーブルに並べ、それ以外は食べないようにしてください。ポテトチップなど乾き物が食べたいときは、袋のままではなく、小皿に出して食べるようにすれば、食べ過ぎを回避できます」（中野氏）

なるほど。家で飲むときはこのルールを守ることにしよう。外に飲みに行くときはなかなかルールを守れないかもしれないが、「**チートデイ**」だと思えばいい。つまり、誰かと飲み会するときは、好きに飲んだり食べたりしていい日にするが、それは月に何回までなどと決めればいいのである。

飲み過ぎを防ぐために「飲む分だけ冷やす」

それでは、「クラフトビールやワインが好き」と言う中野氏は、どのように酒と付き合っているのだろう？

「特に重きを置いているのが**酒量**です。純アルコール量に換算し、1日に20g（日本酒なら1合、ワインなら2杯程度）を守るようにしています。そのためにも、冷蔵庫には**飲む分だけ冷やす**ようにしています。ストックをしないように、ワインセラーも買いません。あとストロング系などアルコール度数の高いものは飲まないようにしています」（中野氏）

しなやかで美しい筋肉をたたえる中野氏が言うと、説得力が倍になる。

「体重に関してですが、お酒を飲んだ翌朝は、水分過多になっているので、基本的に体重は増えます。その場合、増えた分は脂肪ではないので、一喜一憂しないことです。毎日体重を測るということよりも、同じ環境で測ることを意識してください」（中野氏）

確かに、日々の数字の変動に過度にとらわれてしまうと、夕飯を抜いたり、プロテインだけにしたりと、偏った食生活になってしまいがちだ。それよりも、基礎代謝を上げるために筋トレを継続し、バランスの良い食生活を続けたほうが根本的な改善策となる。おいしく酒を飲むためにも、なんとか続けたいものだ。

第5章

飲み続ける人が
必ず受けたい
病気を早期発見する検査

内視鏡検査の前の「一言」

防府消化器病センター部長
藤原純子

食道がんの9割は「扁平上皮がん」

「ウイスキーをストレートで飲んだときの、喉の**チリチリ感**がたまらなく好き」

一晩で韓国焼酎のボトル1本を軽々と空け、仕上げは決まってウイスキーのストレート。そんな自他ともに酒豪と認める知人は、よくそう言っていた。

私も若かりし頃は、あの喉が焼けるような高濃度アルコールの刺激が大好きだった。「ああ、酒を飲んでる」という感じがして。

だがその知人は、間もなく**食道がん**に罹患。幸いにして命は助かったが、咽頭がんも併発していたため、声帯を切除することとなった。美声が自慢で、カラオケが大好きだった彼にとって、声帯を失ったことは相当大きなショックだったに違いない。私もその一件を経て、高濃度アルコールのストレート飲みは控えるようになった。

食道がんと言えば、女優の秋野暢子さんのニュースを目にした。記事によると、秋野さんは35歳まで喫煙経験があり、コロナ禍に入ってから飲酒をやめたとある。飲酒量に関しては正確なところは分からないが、やはり酒と食道がんの関係性は深いように感じてしまう。

食道がんとその早期発見に詳しい、防府消化器病センター（山口県防府市）の消化器内科部長、藤原純子氏によると、「お酒をよく飲む人は、食道がんのリスクが高いので、ぜひ内視鏡検査を受けてください」とのことだ。

そもそも、**食道**とはどのような臓器だろう。

「食道は、消化管の一部で、喉の奥から胃の入り口までつながる筒状の臓器です。長さは約25㎝、筒の壁の厚さは4㎜ほどで、筋肉や粘膜で構成されています。食道は上から頸部《けいぶ》食道、胸部食道、腹部食道の3つの部位に分かれていて、食道がんはこれらの部分にそれぞれ発症します」（藤原氏）

そして、食道がんは、**扁平上皮《へんぺいじょうひ》がん**と**腺《せん》がん**の2種類に大別されるという。

「日本人の食道がんの9割は、食道の内側の粘膜層に発症する扁平上皮がんです。一方、腺がんは欧米人に多い傾向があります」（藤原氏）

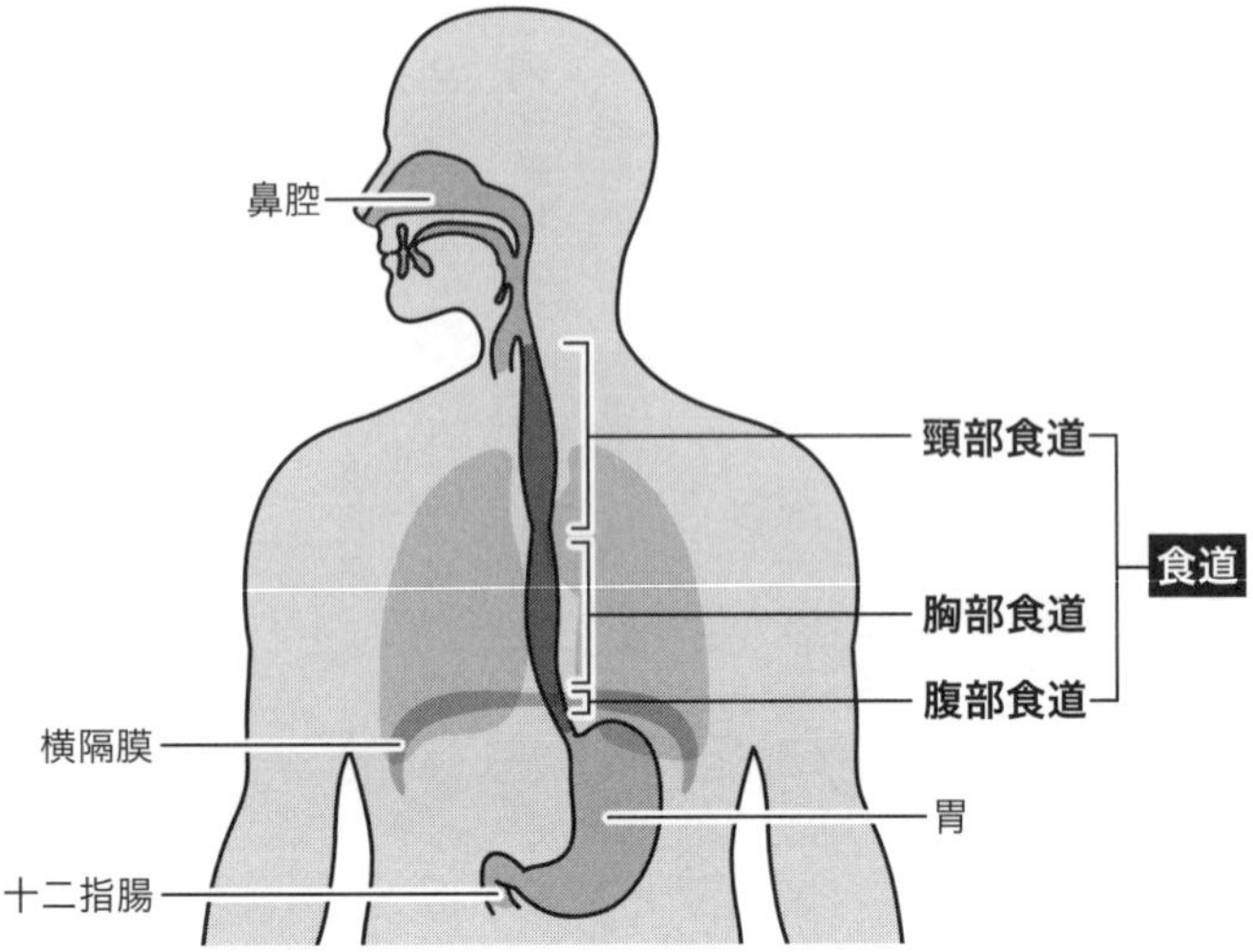

飲むと顔が赤くなる人はリスクが高い

腺がんの主因は、逆流性食道炎によって起こる「**バレット食道**」だ。これは、食道下部の粘膜が変性し、胃から連続して粘膜が置き換わってしまう状態のことを指す。では日本人の9割を占めるという扁平上皮がんの主たる原因は何なのだろう？

「お酒好きの方には残念かもしれませんが、圧倒的にアルコールが原因です。ダントツでトップと言っていいでしょう。次いで、喫煙や、熱々のものや辛いものを飲んだり食べたりする外的要因が挙げられます」（藤原氏）

ダントツでトップ！　ここまで言い切られてしまうと、二の句が継げなくなりそう（涙）。

いや、しかしいったい酒の何が食道に悪影響を及ぼしているのだろうか？

「アルコールが主に肝臓で代謝される際に生成される発がん性物質の『**アセトアルデヒド**』が問題を引き起こします。アセトアルデヒドの血中濃度が高まると、呼気や唾液中にもアセトアルデヒドが含まれるようになり、食道の細胞もこれにさらされます。細胞内の遺伝子がアセトアルデヒドによって傷つき、がん化していくと考えられています」（藤原氏）

おのれ憎きアセトアルデヒドめ……。藤原氏は、アルコールの代謝に時間がかかる人、つまり「酒に弱い人」は、特に注意が必要だという。

「お酒を飲むと顔が赤くなる『**フラッシャー**』の方は、特に注意しましょう。フラッシャーの方は、体質的にアセトアルデヒドの分解に時間がかかります。アセトアルデヒドが体内に長い時間とどまることで、食道がんのリスクが高まります。顔は赤くなるけれども飲酒習慣がある方は、より気を付けなければなりません」（藤原氏）

飲むと顔が赤くなるけれども、お酒を飲んでいるうちに次第に強くなってきた、という人も要注意だ。だが、食道がんに罹患した筆者の知人は、どんなに飲んでも顔が赤くならなかった。酒量は半端なかったけれど。

「お酒が強い方であっても、日常的に純アルコールに換算して1日60g以上飲むような大量飲酒をしている方は、食道がんの罹患リスクが高くなります。私が診ている患者さんの中でも、お酒をたくさん召し上がる方に食道がんが見つかるのは珍しいことではありません。特に、ウイスキーやウォッカなど、高濃度アルコールのお酒は避けたほうがいいでしょう。アルコール度数が高いこれらのお酒は、**製造過程の段階からアセトアルデヒドが多く含まれている**と言われています」（藤原氏）

「喉がチリチリ焼ける感じ」はキケン

やはり酒に強くても飲酒量が多ければリスクが高くなるのだ。では、アルコール度数の高い酒の、あの喉が焼けるような刺激はどうなのだろう？　やはり食道に悪いのだろうか？

「私が担当した食道がんの患者の方からも、『ウイスキーを飲んだときの、あの焼けるような感じがたまらない』という話はよく聞きます。アルコール度数の高いお酒は、それだけで刺激となり、食道の粘膜を傷つけ、直接的な炎症を起こします。実際、そういったお酒をよく飲む方の食道を内視鏡で見ると、荒れてざらざらしています。刺激によって、食道の細胞の遺伝子が傷つき、修復しきれなくなることで、がん細胞が発生すると考えられます。**タバコや、辛いもの、熱いもの**なども、食道にとっては同じように刺激となります」（藤原氏）

なお、タバコの煙にも高濃度のアセトアルデヒドが含まれており、喫煙中の唾液もアセトアルデヒドの濃度が高くなるという。そのため、喫煙はアセトアルデヒドによっても食道がんのリスクを上げてしまうと考えられる。

ウイスキーをストレートで飲んで、「あの刺激がたまらない」なんて言っている場合ではない。あのチリチリとした焼けるような刺激こそが、食道の細胞を傷つけていたとは……。

「食道がんは生活習慣の影響を強く受けます。お酒やタバコが原因であることは明らかなので、飲酒量を見直したり、なるべく低アルコールのお酒を飲むようにしたり、禁煙すると予防につながります」（藤原氏）

「胃がん検診」のときに同時にチェックしてもらう

食道がんの初期は自覚症状があまりなく、「症状が出たときはかなり進行している」とも聞く。飲食時に胸の違和感があったり、食べ物がつかえる感じがしたり、体重の減少や、咳、声のかすれなどの症状が出たときは、すでにがんが進行しているというわけだ。

「おっしゃるように、食道をはじめとする消化器官のがんは、初期症状はあまりありません。症状が出たときには病状が進行している場合が多いのは事実です。しかし、**内視鏡検査**の進歩で食道がんは早期発見がしやすくなっているとも言えます」(藤原氏)

早期発見しやすくなっている！　これは朗報である。

「全国の自治体は、50歳以上の方を対象に、内視鏡検査による『**胃がん検診**』を2年に1回実施していますよね。この胃がん検診のときに、食道がんについてもチェックしてもらうことが可能です。もちろん、人間ドックなどで胃の内視鏡検査を受ける場合も同じです」(藤原氏)

そう、自治体からは2年に1回、「胃がん検診」の案内が来る。これは名称通り、主に「胃がん」を対象とした検診だ。だが、内視鏡検査であれば、内視鏡の通り道である食道や咽

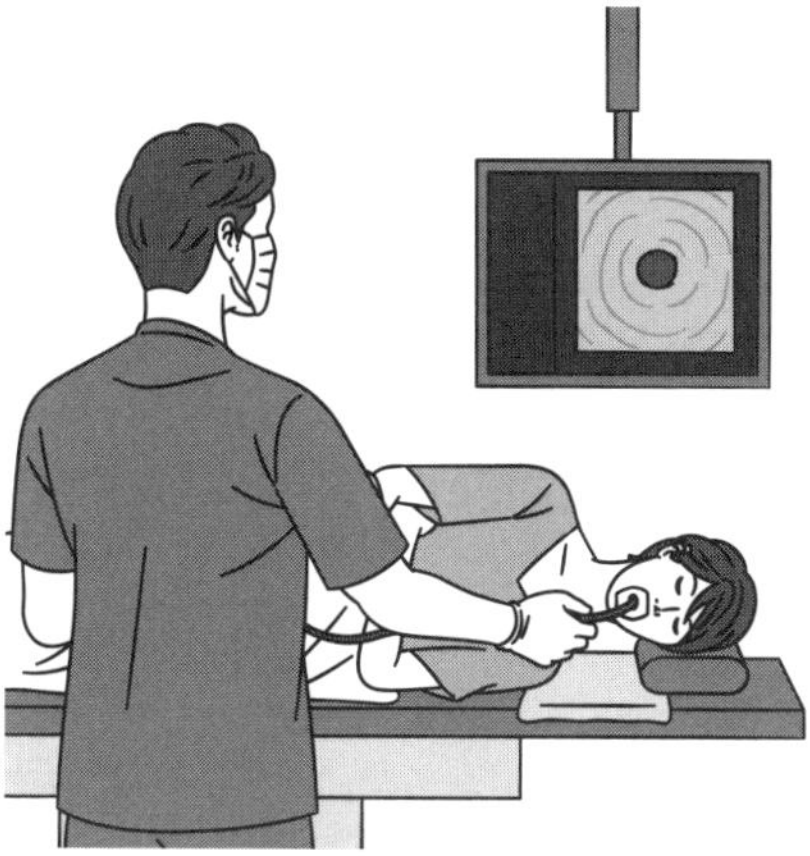

内視鏡検査で「胃がん検診」を行う際に、食道や咽頭なども検査してもらうことが可能だ

頭ももちろん検査してもらえる。そして、検診を受けるサイドからの「ちょっとした一言」で、食道などもしっかり診てもらえるという。

その一言とは？

「内視鏡検査を受ける際、**『食道がんを心配している』『お酒を飲むと顔が赤くなる』『日常的に飲酒量が多い』**などの情報を医師に伝えましょう。基本的に、医師は胃だけでなく食道や咽頭も内視鏡でチェックしていますが、先にこう伝えることで、よりしっかり見てもらえます。私が担当した例では、事前に『僕、お酒をたくさん飲むんです』とおっしゃった方で、咽頭がんが見つかったケースもあります。また、日常的に大量飲酒をする方、フラッシャーなどリスクの高い方は、２年に１

回と言わず、1年に1回、人間ドックなども利用して検診を受けるのもいいでしょう」（藤原氏）

自分が抱えている不安を事前に申告するだけで、検査の際により注意深く見てもらうことができ、病変が見つかることもあるとは。これはうれしい情報だ。そういえば、私は胃がん検診の際、1回もそんなことを言ったことがない。次からは、飲酒習慣がある旨を必ず事前に言わなければ。

AI胃カメラのすごい実力

防府消化器病センター部長
藤原純子

わずかな粘膜の色の変化も捉える

酒を愛する者にとっては信じたくない事実だが、日本人の食道がんの9割を占める「扁平上皮がん」の原因のうち、ダントツなのがアルコールだという。それだけでなく、酒を飲むと顔が赤くなる「フラッシャー」の人は、さらに食道がんのリスクが高まる。

だが、食道がんとその早期発見に詳しい防府消化器病センターの消化器内科部長である藤原純子氏によると、内視鏡検査（胃カメラ）の進歩で、食道がんは早期発見がしやすくなっているという。自治体などの内視鏡を使った「胃がん検診」において、食道がんもチェックしてもらうことが可能だからだ。

そして、内視鏡検査の際に「お酒を飲むと顔が赤くなる」「食道がんが心配」「日常的に飲酒量が多い」などの情報を事前に医師に伝えると、胃だけでなく、食道や咽頭もより念

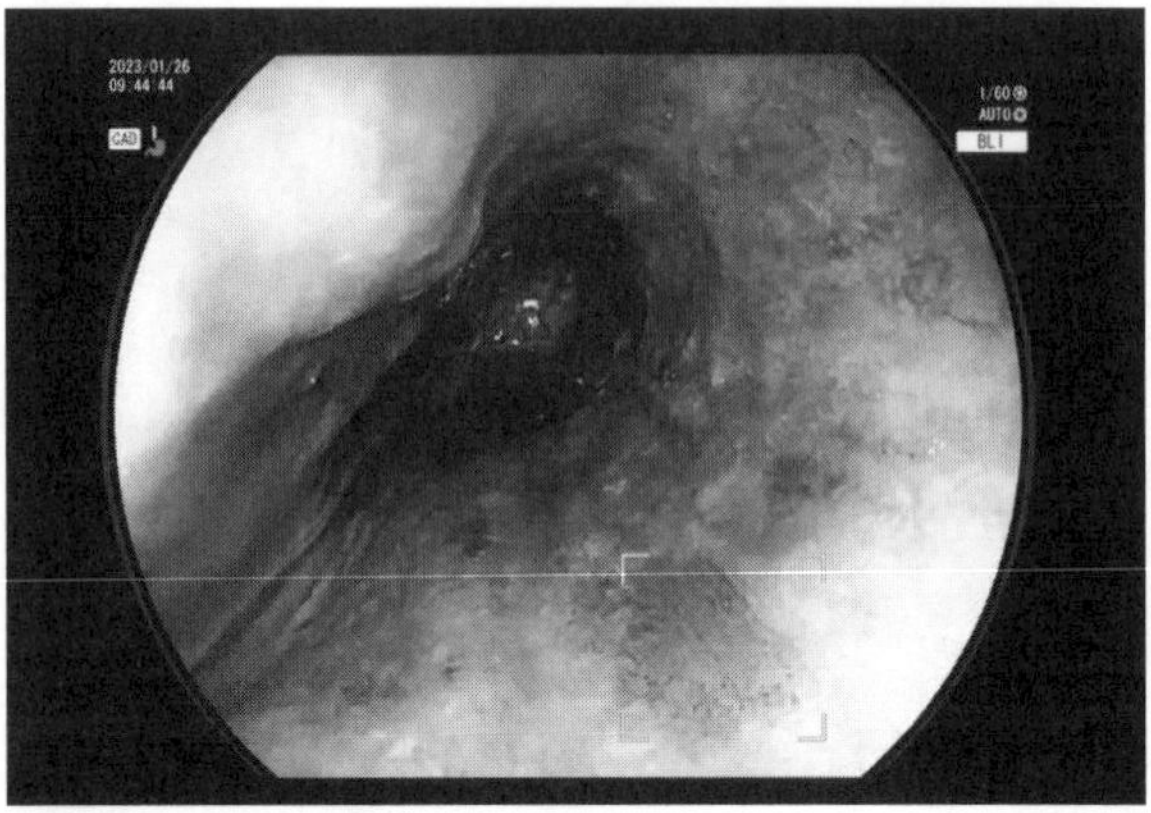

AI診断システムの画像（藤原純子氏提供）

入りにチェックしてもらえる、という情報も得られた。

しかも、内視鏡検査といえば年々その機能がアップデートされているが、最近はなんと「**AI（人工知能）**」を用いた診断システムによる検査ができるようになったという。ＡＩとつくだけで期待が高まってしまうが、どんな検査なのだろうか。

「一般的な内視鏡検査の装置に、ＡＩ診断システムのユニットが追加されたものを利用します。ユニットには、胃や食道などの上部内視鏡画像の診断支援プログラムが搭載されていて、それを使用すると、内視鏡の画像をリアルタイムに解析して、問題のありそうな箇所を検出してくれます。これがとにかくすご

いのです」（藤原氏）

医師がやや興奮気味に「すごい」と言うＡＩ診断システムとは、いったいどのようなものだろうか。

「ＡＩは、人間だとなかなか気づかないような微細な異変を発見し、線で囲んで、音でも知らせてくれます。調べてみると、それが初期のがんだったり、前がん病変（がんになる手前の状態のこと）だったりすることがあります。経験を積んだ私たち医師も、もちろんしっかりと内視鏡の画像を見ています。ただ人間ですから、うっかり見逃してしまうことも否めませんよね。ＡＩのアシストは、見落としをなくすという意味でもありがたい存在です」（藤原氏）

なるほど、それはすごいシステムだ。

「隆起がなく、人間の目では非常に分かりづらい初期の病変でも、ＡＩは見つけることがあります。ごくわずかな粘膜の色の変化も捉えてくれるのです。熟練の内視鏡のプロが常にそばにいてくれて、サポートしてくれているような感覚です。今後さらにＡＩの性能が上がっていくことも期待できると思います」（藤原氏）

鎮静剤を投与して検査することも可能

藤原氏によると、現在このＡＩ診断システムを導入している施設は、日本に１０００以上あるという。胃や食道のＡＩ診断システムは、２０２２年に富士フイルムによって発売されたものだが、現在は数社が開発中とのこと。なお、大腸のＡＩ診断システムはもっと先を行っていて、病変が腫瘍性か否かについてもサジェストしてくれる機能があるという。

ネット検索してみると、ＡＩ診断システムで内視鏡検査を行っていることを前面に出しているクリニックも多数あった。

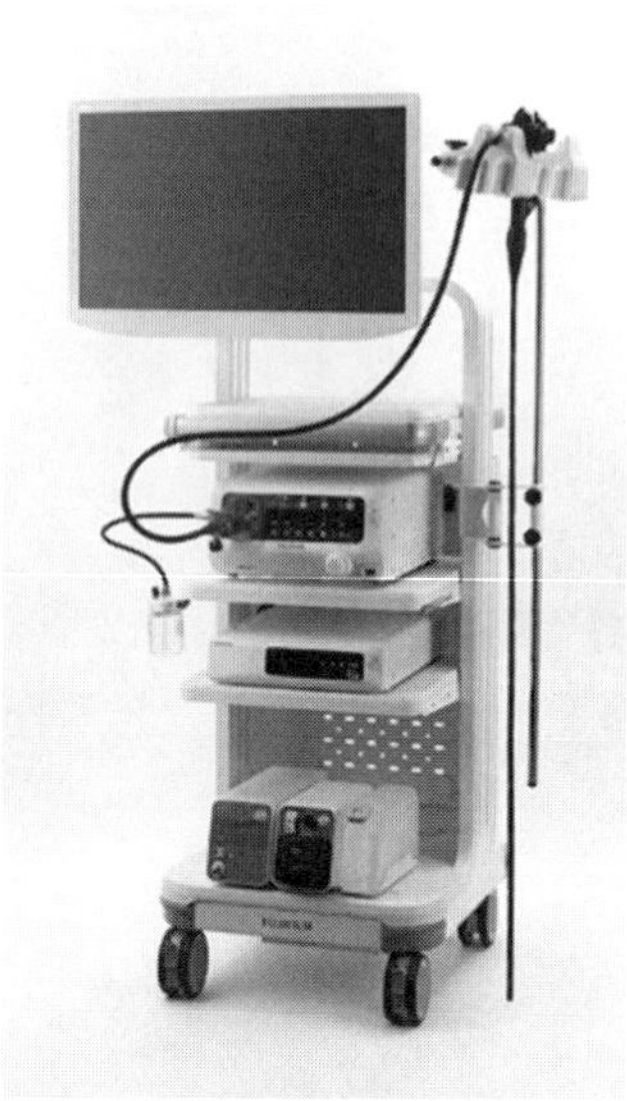

富士フイルムの内視鏡システム

これは確かに期待大である。

しかし、そうはいっても、「内視鏡は苦手」「怖いから受けたくない」という方も少なくない。口から胃カメラを入れるとなると、えづいてオエッとなってしまう。食道をじっくり診てもらうと想像すると、なおさら怖い……。

「今は内視鏡検査を受ける前に**麻酔**を投与することも可能です。また、口からではなく、**経鼻**の内視鏡の性能も上がっています。特に経鼻カメラはえづきにくいので、口から内視鏡検査を行ったときの恐怖体験がある方にはお勧めです」（藤原氏）

そう、今は麻酔という手がある。実は筆者は、喉に麻酔スプレーを吹き付けられたとき、呼吸がしにくくなり、パニックになってしまったことがあった。しかし、麻酔にはスプレーだけでなく、**液体やゼリー**などを口に使う方法があり、経鼻の内視鏡のときも鼻に麻酔のスプレーを使うこともできる。

さらに、筆者は麻酔薬（鎮静剤）を点滴で投与する**静脈麻酔（セデーション）**を受けて挑んだこともある。麻酔といっても完全に意識を失うのではなく、寝ているか起きているか分からない程度のゆるやかなもの。気づくと検査が終わっているという感じで、一切苦痛がなかった。

食道がんは心配だけど、内視鏡検査で怖い思いをしたことがあるという方は、ぜひとも麻酔という選択肢が利用できることを覚えておいてほしい。

ステージ0なら内視鏡で治療可能

ＡＩ診断システムの優秀さが分かったところで、食道がんのステージや、治療法について聞いてみた。

「食道の壁の厚さはわずか４㎜。粘膜上皮、粘膜固有層、粘膜筋板、粘膜下層、固有筋層、外膜の６層から成っています。食道がんは食道壁への深達度と、リンパ節への転移の有無と数、食道以外の部位にがんが転移する遠隔転移の有無などにより、ステージが０から４までに分類されます。**早期と言われるのは粘膜上皮にがんが存在するステージ０**です」（藤原氏）

ステージ０であれば、内視鏡による治療が可能だという。

「局所麻酔による**内視鏡的切除**による治療が可能なのはステージ０までです。入院も１週間程度で済みます。体への負担が少ないのも大きなメリットです。以降はステージが上がると外科的な手術や、抗がん剤や放射線による治療がメインとなり、負担も大きくなっていきます。早期のうちに食道がんを発見するためにも、症状がなくとも内視鏡検査を定期的に受けてほしいですね」（藤原氏）

藤原氏によると「食道がんが外膜まで達し、気管や大動脈など周囲の組織まで広がってしまうと、手術でも病変の切除ができない」という。内視鏡検査よりも、がんを切除できないほうがよっぽど怖い……。

食道がんになったら「断酒」

食道がんの症状といえば、飲食時の胸の違和感や、体重の減少、咳、声のかすれなどだが、初期には症状が出ることはほとんどない。症状があってもなくても、年に一度の内視鏡検査を受けることが早期発見につながる、というのは十分に理解できた。気になるのは、普段の生活で食道がんの予防が可能なのかどうかだ。

「食道がんの主因はお酒であることは、動かしようのない事実です。したがってお酒の量を減らすことが一番の予防につながります。特にお酒を飲んで顔が赤くなるフラッシャーの方は、毒性の強いアセトアルデヒドの影響を受けやすいので、より注意が必要です。お酒好きの方には耳が痛いかもしれませんが、お酒は『適量』とされる純アルコールに換算して20g（日本酒1合程度）でとどめておきましょう」（藤原氏）

確かに耳が痛い。

では藤原氏が言うように、酒量をコントロールしていても、万が一、食道がんに罹患してしまった場合はどうなのだろう？　もう飲めないのだろうか。

「食道がんに罹患し、治療して完治したのであれば、断酒が理想です。食道がんは同じ部位に再発するのではなく、違う部位に多発する傾向があります。また、食道がんの患者さんはほかの臓器のがんに罹患することも多く、その中で最も多いのは咽頭です。長年、食道がんの患者さんを診ていますが、お酒を完全にやめた方は食道がんができにくくなっています。断酒した人はお酒をやめない方に比べ、新たな食道がんに罹患するリスクが約3分の1です」（藤原氏）

酒が主因の食道がんなだけに、やはり一度罹患してしまったら断酒しか方法はないようだ。

「食道がんになった方に『原因はお酒ですよ』とお伝えすると、『知らなかった』と驚かれる方が大半です。お酒と食道がんの関係性について、もっと知ってほしいですね。現在、食道がんに罹患しているのは男性のほうが多数ですが、女性でお酒を飲む方も増えているので、罹患率も変わってくるのではないかと思っています」（藤原氏）

ＡＩ診断システムの開発によって内視鏡検査の精度が上がり、早期発見がより可能になったとはいえ、日常的に大量飲酒をしていれば食道がんのリスクは避けられない。おいしい酒とつまみの通り道である食道。どちらも長く楽しみたいものだ。

大腸にできる「憩室《けいしつ》」

都立駒込病院
消化器内科
小泉浩一

ポリープではなく憩室が見つかる

「ケイシツが1つありますね。お酒はなるべく控えてください」

「ケイシツ？　ケイシツって、何ですか？」

これは大腸内視鏡検査をした際の医師と筆者のやり取りだ。

初めて耳にした「ケイシツ」という言葉。「**憩室**」と書くらしい。健康と酒をテーマに長いこと書かせていただいているが、憩室なんて聞いたことがなかった。医師は憩室について書かれた新聞記事を示しながら、「**腸にできた袋状のもの**」と説明してくれた。

腸に袋状のものができる？　「大腸内視鏡検査でポリープが見つかった」という話はよく聞く。ポリープは、いぼのような形で、大腸の内側に突き出ているものだ。だが、袋状のものとは何だろうか。

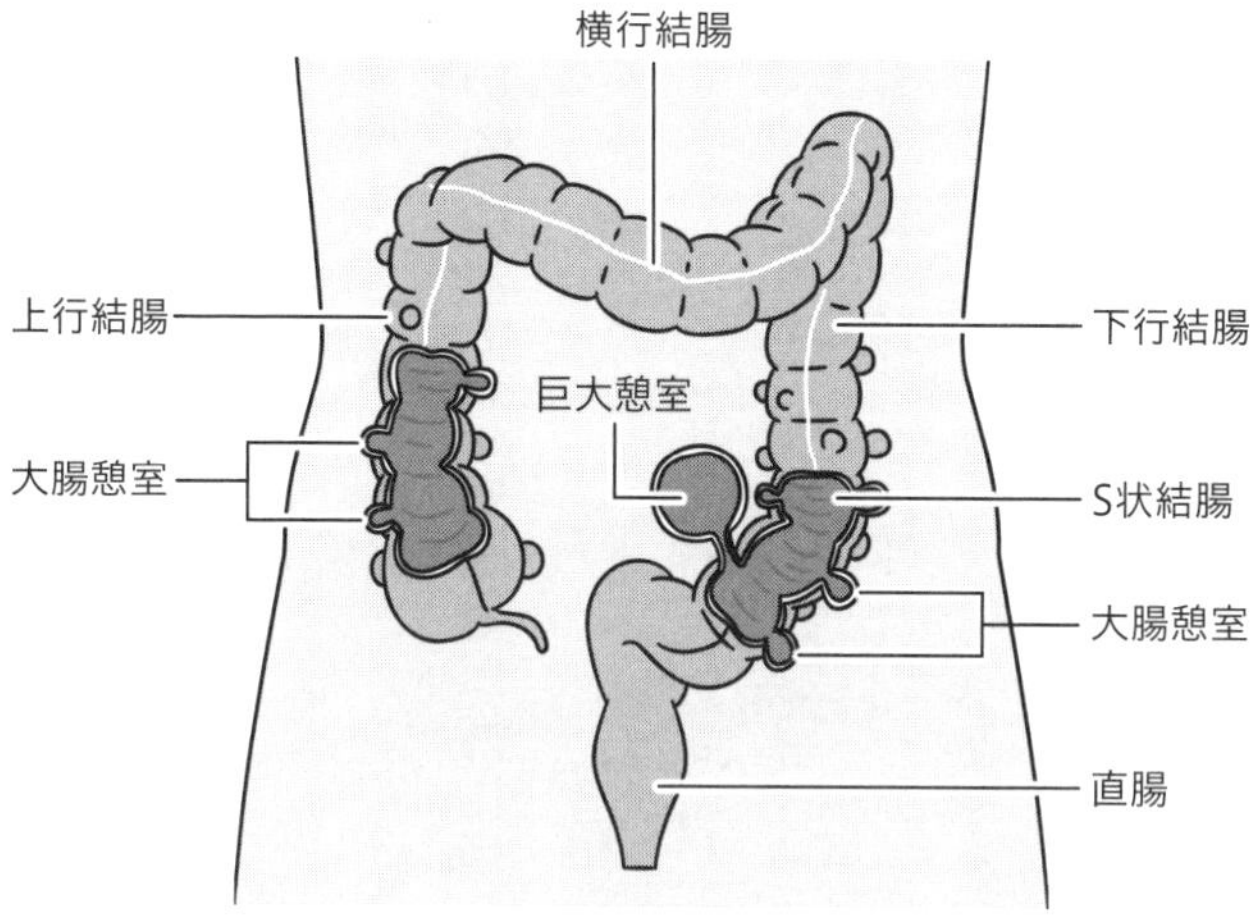

いまひとつ憩室が何であるか分からず、頭が混乱してしまった。

しかも「お酒を控える」って……？

憩室がある以外、特に病変はなく、投薬も治療も必要ないと言われたものの、やはり気になる。そこで、大腸疾患の診断・治療に詳しい、都立駒込病院消化器内科の小泉浩一氏に聞いてみた。

「大腸にできる憩室は、大腸壁の薄く、やわらかい部分が内側の圧力によって外に押し出され、ポケットのような状態になったものです。ポケットの大きさは5～20㎜程度。1個だけというよりも、複数個が年齢とともに増えることが多いでしょう。また、まれに非常に大きくなって、10㎝を超えるものもありま

す」（小泉氏）

ポリープが大腸壁の内側に向かっていぼ状に盛り上がるのに対し、憩室は大腸壁の外へぷくっと膨らみ、まさにポケットのような形状になる。こんなものが大腸にできていたとは（涙）。

腸の内圧が上がって腸壁が外に押し出される

あまり聞きたくはないが、やはり憩室にはアルコールが深く関係しているのだろうか？

「憩室ができる主因の1つは**アルコール**です。お酒を飲むと、自律神経の一種である迷走神経が刺激され、腸の蠕動《ぜんどう》運動が活発になります。食前酒はまさにその効果を狙ったもので、消化管の運動が活発になって食欲が増進します。適度な蠕動運動であればいいのですが、アルコールによって必要以上に活発になってしまうと、それによって腸の内圧が上がって憩室ができやすくなるのです」（小泉氏）

こんなはっきりと「アルコールが主因」と言われてしまうとは……。

「大腸は、『結腸ひも』と呼ばれる3本の硬いひも状の構造によって支えられています。

結腸ひもは筋肉によってできています。腸の内圧が高くなると、結腸ひもに支えられていないやわらかい部分と、硬い部分との間で腸壁の引き伸ばされ方に差が生じ、それにより境目近くのやわらかい部分の腸壁が外に押し出され、ポケット状の憩室ができてしまうのです」（小泉氏）

小泉氏によると、アルコール以外には、「腸の蠕動運動を過剰にし、下痢や便秘をもたらす**『ストレス』**も憩室の原因となります。また、食物繊維の不足や運動不足により便秘がちな人は、腸内の圧力が高くなり、やはり憩室ができやすくなります」という。さらに、「**加齢**による影響も大きい」と付け加えた。加齢により腸管を支える筋肉が薄くなると、より憩室ができやすくなるのだという。

酒にストレス、便秘、そして加齢。憩室を作らないようにするには、加齢以外の要因をいかに取り除くかがポイントのようだ。

一度できたら元には戻らない

筆者のようにすでに憩室ができてしまっている人はどうしたらいいのだろう？　そもそ

も憩室は治るのか、そこが知りたいところだ。
「残念ながら、一度できてしまった憩室は元には戻りません。ポリープのように取り除くこともできないため、増やさないよう、また悪化させないよう、上手に付き合っていくしかないのです」（小泉氏）
元に戻らない!?
取材中、仕事であることを忘れ、結構なショックを受けてしまった。大腸内視鏡検査の結果を聞いた際、憩室があるとサラッと言われたので、ポリープと同等の軽いものだと思っていたからだ。
「憩室とポリープは、大腸にできるという点では同じですが、全く異なるものです。ポリープは、細胞が増殖してできるいぼ状の突起で、良性のものと悪性のものがあり、加齢により増えてきます。1㎝を超えて大きくなるとがん化する可能性が高くなるといわれており、内視鏡で切除することが勧められます」（小泉氏）
確かにポリープは「内視鏡切除」という治療ができるし、形状も異なる。憩室はポケット状の構造になっており、そのため大きなデメリットがある。
「腸にできるポケットというと想像できると思いますが、憩室の中には常に便がたまりやすい状態になります。便には、細菌と細菌の死骸がたっぷり含まれているので、憩室は常に細菌にさらされた状態にあります。そのため、憩室にちょっとでも傷ができると、炎症を起こしてしまいます。ただ痛みを感じにくい場所なので、炎症があったとしても自覚症状はまずありません。痛みを感じたときには、炎症が進んで膿がたまった状態のことがほとんど。また慢性の炎症が続くと、痛みもないのに突然、大量の出血を伴うことがあります」（小泉氏）

お恥ずかしい話だが、私自身も、大腸の画像を見ながら説明を受ける際、「憩室内に便がたまっています」と指摘された。内視鏡検査の前に大量の下剤を飲んだのにもかかわらず、である。

憩室から大量の出血も……

小泉氏によると、「憩室は、50歳以上であれば半数の方が持っていて（＊1）、決して珍しいものではない」とのことだが、「慢性の炎症で大量の出血が起きることもある」と聞くと、不安は募る。

「**憩室出血**は、憩室の炎症が元となって起こります。炎症があると血流が増え、それによって血管が徐々に太くなり、何らかの刺激で傷がつくと一気に出血します。下痢かな、と思ってトイレに行ったら、100mL単位の鮮血が突然、それも何度も出るのです。大腸がんと勘違いする方がたくさんいますが、それよりも出血量が多い。出血のリスクは、憩室が5～10個程度であればまずありませんが、憩室が数十個以上などたくさんある人は高くなります。特に、血栓を予防するために血をサラサラにする薬を飲んでいる人では、さらにリスクが高くなるので要注意です」（小泉氏）

100mL単位の出血！　想像しただけでもめまいがする……。ポリープよりも憩室のほうが厄介のような気がしてならない。憩室から大腸がんに進行することはないのだろうか？

「憩室そのものががんになることはありません。ただ炎症がひどくなると、S状結腸の憩室では膀胱とつながってバイパスができて、排尿時に便も出るようになったり、腸に穴が開いて腹膜炎になったりすることがあり、このような場合には手術が必要です。また、憩室炎が慢性化して、出血を繰り返すことがあって、毎月のように憩室出血で入院する人もいます。憩室炎は、基本的に抗菌薬による薬物療法や食事制限で腸を安静にして治療しま

すが、効果に乏しければやはり外科的手術を行うこともあります」（小泉氏）

ストレスをためず、食物繊維をとる

開腹手術ともなると入院期間も長くなり、仕事や生活にも支障が出てしまう。「一度できた憩室は治らない」とのことだが、憩室を増やさず、また悪化を防ぐにはどうしたらいいのだろう。

「アルコールが主因であることは明確なので、断酒するのが一番です。難しいようなら1杯に抑えましょう。1日当たり純アルコール量で52g以上、日本酒だと2・5合以上の飲酒をする方だと、26g以下の方の2倍リスクが高いとされています（＊2）。私の経験上、憩室で外科的な手術をするような方のほとんどが、相当量のお酒を日常的に飲まれていました。特にウイスキーやブランデーといったアルコール度数の高いお酒をたくさん飲む方は、憩室の状態が重篤です。また、ビールを好む方はS状結腸に、日本酒やワインを好む方は上行結腸に憩室ができる傾向にあります」（小泉氏）

なお、アルコール以外に、ストレスや便秘によって腸内の圧力が高まることも憩室の原因となるので、ストレスをためない生活を送ることや、食事で食物繊維をとり運動して便秘を予防することも考えたい。

内視鏡検査の「腕」

都立駒込病院
消化器内科
小泉浩一

大腸の中で内視鏡の死角になりやすい場所がある

大腸の病気をなるべく早く見つけるために、ぜひ受けたいのが**大腸内視鏡検査**だ。筆者の場合、50歳を超えて初めて行ったが、「憩室」が見つかったことで、もっと早くからやればよかったと反省した。今後はせめて2年に1回の頻度で、近所のクリニックで内視鏡検査を受けようと思う。

すると、大腸疾患に詳しい都立駒込病院消化器内科の小泉浩一氏が、クリニック選びについてこうアドバイスをしてくれた。

「最近は**AI**がサポートする内視鏡検査が行えるクリニックもあります。こうした最新の機器を導入しているということは、大腸がんの早期発見などに積極的だと考えてよいかもしれません。ただ、AI内視鏡があればそれだけで発見の精度が格段に上がるというわけ

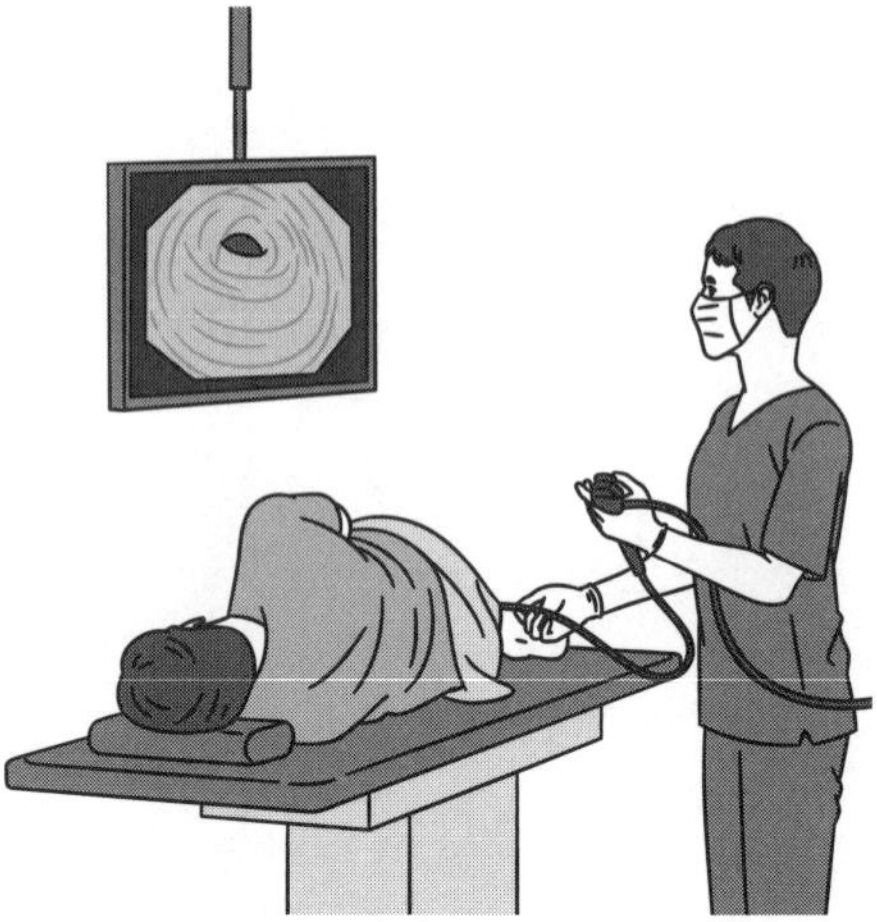

大腸内視鏡では、AIに対応しているかどうかだけでなく、やはりドクターの腕と経験も重要だ

ではありません」（小泉氏）

ＡＩによる内視鏡検査は、食道がん、咽頭がん、そして胃がんなどでも威力を発揮している。大腸のＡＩ診察システムは先を行っているとのことだったが……。

「大腸の中には、内視鏡では死角になりやすい場所があり、**大腸のカーブしている内側などは見落としやすい**ので、ドクターの腕と経験が問われます。そうしたことを踏まえ、少なくとも『大腸内視鏡』という言葉を看板に掲げているクリニックを選ぶようにしましょう」（小泉氏）

ＡＩは、内視鏡のカメラの画像をリアルタイムで解析し、異常が疑われる部位を検知して、医師の判断をサポートしてくれる。だが、検査では内視鏡をスムーズに動かして、大腸の中をくまなくカメラに写すというスキルも求められる。それは、医師が担当しなければならない。だからこそ、AIに対応しているかどうかという点だけでクリニックを選ばないほうがいいというわけだ。

大腸がんの初期は自覚症状が少ない

酒を飲む人は大腸に袋状の「憩室」ができるリスクが高い。定期的に大腸内視鏡検査を受けるなら、検査の際に気を付けたほうがいいことがあるという。

「すでに憩室があることが分かっている方は、検査の前にその旨を医師に伝えましょう。憩室には便がたまりやすいので、下剤を2回に分けて飲むなどの工夫が必要です。憩室そのものは、少数存在しているだけでは特に問題はありません。しかし数が増えると、炎症や出血を起こすリスクが高まるので、早期に発見し、悪化させないようにしましょう」（小泉氏）

憩室は、「無症状であれば治療の必要がない」というものの、やはり悪化させたくない。状態を確認するためにも、大腸内視鏡検査を活用したい。

そして、定期的に検査を受けたほうがいいのは、大腸がんのリスクが高い人も同じだ。日常的に酒をよく飲む人は、大腸がんのリスクが1・2倍程度に上がる。そのほか、肥満の人や、加工肉をよく食べる人、そして牛・豚・マトンなどの肉類の摂取量が多い人も大腸がんのリスクが高くなる。

もし大腸がんに罹患してしまっても、早期発見できれば確実に治療できる。とはいえ、初期の大腸がんには自覚症状があるのだろうか？

「残念ながら、大腸がんはかなり進行しないと自覚症状は出ません。便に血が混ざることがありますが、ウォシュレットがついた洋式トイレでは、まず気づくことはないでしょう。また症状が出たときには進行していることが多いので、大腸がんの早期発見には、やはり定期的な検査が一番です。便の検査であれば毎年、それに加えて内視鏡検査をリスクに応じた頻度で行うといいでしょう。通常リスクの方なら数年に一度は行ってください」（小泉氏）

便の検査とは、40歳以上を対象に行う「**便潜血検査**」のことで、大腸がんなどが原因で出血がある場合に、便に混じった血液を検出する。会社の健康診断と一緒に行うことも多い。

そして、大腸内視鏡検査で「**ポリープ**」が見つかった、という話はよく聞くだろう。ポリープは良性と悪性があり、1cmを超えて大きくなるとがん化する可能性が高くなるという。多くの場合、検査中に内視鏡で切除できる。

繰り返しになるが、ポリープや憩室は、加齢により増えてくるものだ。一度、大腸内視鏡検査を受けてポリープや憩室が見つかったら、やはり定期的に検査を受けるといいだろう。その場合、基本は2年に一度になるが、遺伝子変異によって大腸がんや子宮内膜がんなどを発症しやすくなるリンチ症候群の方が身近な家族にいるならば、検査間隔を短くすることを検討するとよいそうだ。

第6章

楽しく飲んで健康になる方法

ビールをゆっくり飲むグラス

ヤッホーブルーイング
社長
井手直行

クラフトビール会社が変わったグラスを作製

酒が進むにつれ、飲むピッチが速くなる。

酒好きなら、「うん、うん」とうなずく方が多数ではないだろうか。かくいう筆者もまさにそうだ。

最初のうちは「飲み過ぎないようにゆっくり飲もう」と自分に誓うのだが、1杯目のグラスが空く頃には、そんな誓いなんてとうに忘れている。そして、いつの間にやらペースを乱し、つい飲み過ぎてしまう。

飲み放題だと終盤に行くにつれさらにペースが加速。「ラストオーダーです」と言われると、すでに飲み過ぎているのが分かっているくせに、「追加でハイボールお願いします」と言ってしまう意地汚い自分が情けない……。

ビールの「飲みづらさ」を追求した「ゆっくりビアグラス」は、砂時計のような形をしている（写真：ヤッホーブルーイング提供）

酒は食事をしながらゆっくり飲むのが体にも負担が少なく、歯止めもかけやすい。しかし酔いが回ると、食事がおろそかになり、どうしても飲むピッチが速くなる。

もっとペースダウンして、ゆっくり酒を味わうにはどうしたらいいだろうか。そう思っているとき、偶然にもユニークなビアグラスを教えてもらった。それが「**ゆっくりビアグラス**」だ。

このグラスを作製したのは、クラフトビール「よなよなエール」でおなじみのビールメーカーであるヤッホーブルーイング（長野県軽井沢町）。砂時計のような形をしていて、見るからに「飲みにくそう」。限定販売だったが、購入希望者が殺到したという。

クラフトビールを製造する会社が、ビールをゆっくり飲むグラスを作るなんて驚きだ。同社の代表取締役社長の井手直行氏に話を聞いたところ、実は深い意味が込められていることが分かった。

グラスを作るきっかけは何だったのだろうか。

「2024年2月に発表された厚生労働省の**『健康に配慮した飲酒に関するガイドライン』**がきっかけの1つです。それ以前から、自分も含めた飲み手の健康について考えなければならないと社内で話していました。健康に配慮した適正飲酒のためには、飲み過ぎないように、『ゆっくり飲む』ことが大切です。ただ、『ゆっくり飲んでください』と言うだけでは、こちらのメッセージがうまく伝わらない。ゆっくり飲んで、かつおいしく、楽しく飲める方法はないだろうか。しかも、うちの会社らしく、ユーモアあふれる方法で伝えられないだろうかと考えたとき、このグラスのアイデアが生まれたんです」（井手氏）

ヤッホーブルーイングは、長野県の軽井沢に本社を構えるクラフトビールメーカーだ。その遊び心は、「よなよなエール」「水曜日のネコ」「僕ビール君ビール」「インドの青鬼」などの個性的な製品名にも表れている。

飲み過ぎを防ぐためには、ゆっくり飲むのが効果的だ。酔っ払ってアルコールの血中濃

職人に6種類のサンプルを作ってもらった（写真：ヤッホーブルーイング提供）

度が上がってしまえば、歯止めが利かなくなる。一方で、ゆっくり飲んで血中濃度を抑えられれば、酒量も増えず、理性が保たれるはず。「ゆっくり飲みましょう」ということを、笑いとともに問題提起するために、こんな形のグラスが生まれたわけだ。

しかし砂時計を思わせるこの形、作るのは相当大変だったのではないだろうか？

「企画から完成まで半年かかりました。ガラス職人の方にサンプルを6種類ほど作っていただき、くびれ具合はどのぐらいがいいのか、ミリ単位で考えてもらいました。スタッフで実際にテイスティングし、『理想の飲みづらさ』を追求しました。職人の方もこんなオーダーは初めてだったそうです（笑）。最終的に最適だと判断したグラスのくびれ部分は6㎜。一般的なロンググラスで飲むのと比較すると、350㎖のビールを飲み切るまで約3倍の時間がかかります」（井手氏）

ということで、筆者も早速試してみた。同社のビアレストランにて、缶からこのグラスに注いでみると、まずビールを注ぎ終わるまでに時間がかかることに気づいた。一気に注ごうとすると、ゴボッとあふれ出るので、注いでは下にビールが落ちるのを待ち、再び注ぐの繰り返し。そして飲むときは、グラスの上の部分はすんなり飲めるが、くびれ部分より下はちょろちょろしか出てこない。苦戦している様子を見て、一緒にいた友人らもクスッと笑っていた。

時間をかけて香りも楽しむ

実際にこのグラスで飲んでみて、当初は「ビールがぬるくなったらどうしよう」と思っていたが、そんな心配は全く必要なかった。時間の経過による温度の変化とともに、香りや味わいの変化を堪能でき、クラフトビールの魅力をより楽しめた。飲み切るまでに炭酸が抜けてしまう心配もなかった。

「このグラスは、当社のエールビール『よなよなエール』に向いた形状だといえます。エールビールは、爽やかな喉越しを売りにするラガービールと異なり、香りや味わいが魅力。『よなよなエール』はキンキンに冷やすのではなく、**推奨温度は13℃**です。温度が上がるとむしろ味わいが増して、よりおいしくなります。またグラスの飲み口の直径が約6㎝と広いので、香りが広がりやすいという利点もあるのです」（井手氏）

なるほど納得。じっくり味わって飲むクラフトビールだからこそ、この最高に飲みづらい形状が生きるのである。普段、ビールといえば喉の渇きを潤す〝黄金の水〟として、スピーディに飲んでいた。なんなら、度数の高い酒を飲むときの合間に、ビールをチェーサーとして飲んでいたこともある。だがこのグラスのおかげで、エールビールの芳醇な香りや甘味に改めて気づくことができた。「味わう」とは、こういうことなのかもしれない。

それでは、この「ゆっくりビアグラス」に対する実際の反応はどうだったのだろう？

「ありがたいことにとても好評です。公式通販サイトで『限定10個の抽選販売』でしたが、2750件もの応募がありました。1個9800円（税込）と決して安くないのに、です。私たちもそんなにたくさんの応募が来るとは思ってもいませんでした。また、私たちの公式ビアレストランの一部でもこのグラスを使っていただき、お客様からはポジティブなコ

メントをいただいています」（井手氏）

大好評だった2024年7月の抽選販売を受けて、同年11月からは通年販売を開始。製作方法や素材を変更することでグラスの量産を実現し、価格は1万2980円（税込）となったが、初回の生産分は発売から9時間で完売した。

「ゆっくりビアグラス」に対する人気の高さはすごい。グラスの素材の確保や製造に時間を要するため、入荷の目途が立ち次第、販売を再開するという。

アルコール度数0.7％

ヤッホーブルーイング
社長
井手直行

微アルコールで「適正飲酒」を

ヤッホーブルーイングのビールが飲みづらい「ゆっくりビアグラス」は、メディアでも盛んに取り上げられた。それは、「ヘタをすると製品であるビールの売り上げが落ちるような企画だからかもしれません」と同社の代表取締役社長の井手直行氏。確かに、皆が皆、このグラスを使ったら、ビールの消費が減ってしまいそうである。

ビールを作る会社として、社内で懸念の声はなかったのだろうか。

「仮に一時的に売り上げが落ちたとしても、誰もやっていないこと、飲み手が喜ぶことを優先するのが当社のスタイルなので、迷いはありませんでした。当社の理念は『ビールに味を！　人生に幸せを！』。ビールを飲んで幸せになってもらうのに、量は関係ありません。このグラスで笑いながら適正飲酒を心がけ、健康を保ちながらビールを飲み、人生を豊か

にしてほしいですね」（井手氏）

　適正飲酒と言えば、同社では**アルコール度数０・７％の微アルコール**のクラフトビール「正気のサタン」も販売している。時代の流れも伴って、売り上げは右肩上がりだという。

「じわじわと正気のサタンの人気が上がっているのを肌で感じます。この製品を出すきっかけは、僕がおいしいと思える微アルコールビールがなかったから。各国の微アルコールビールを取り寄せ、テイスティングしたり、成分分析をしたりして、試行錯誤しながら開発し、企画から約2年で製品化しました。名前の由来は、微アルコールだからある程度飲んでも正気（しらふ）でいられるということ。そしてサタンは病みつきになるという意味を含んでいて、かつ『正気の沙汰』の語呂合わせでもあります」（井手氏）

アルコール度数0.7%のクラフトビール「正気のサタン」（写真：ヤッホーブルーイング提供）

　微アルコールビールは、わずかにアルコールが入っていることで、ノンアルコールビールより飲み応えがあるし、（個人差はあるが）ほろ酔いにもなれる。筆者も、翌日に早朝から仕事があるときは、これを選んで飲んでいる。

人とのつながりをビール会社が提案

微アルコールやノンアルコールの飲料のニーズが年々高くなっているのは世界的な現象だ。世界の飲料市場のデータを提供するIWSRによると、2022年にノンアルコールまたは低アルコール飲料の販売量は7％以上増加し、市場規模は110億ドルを突破したという（2018年は80億ドル）。

2024年の8月には、ヤッホーブルーイングを含む5社共同による微アルコールに特化したビアガーデン「微アルでここちよい微アガーデン」が開催された。人気の「常陸野ネスト　ノン・エール」（木内酒造）、「CIRAFFITI Session IPA」（トリクミ）などが会場に並び、全国から多くのファンが集まったという。

コロナ禍の影響もあり、日本でも微アルコール、ノンアルコールの人気が高まり、次々と新商品が発売されている。ビールをはじめ、ワインや日本酒、カクテルまでノンアルコール、微アルコールの商品が販売されるようになった。飲食店でもノンアルコールのカクテルである「モクテル」がメニューに並ぶようになり、酒に弱い人から支持を得ているという。

「私たちは、適正飲酒を『**ウェルビーイング**』の文脈で考えています。ウェルビーイングとは、身体的、精神的、社会的に良好な状態を指します。クラフトビールメーカーとして、微アルコールやゆっくりビアグラスによる身体的な健康を提案するほか、当社主催の醸造所見学ツアーやファンイベントなどで、精神的・社会的な健康も提案したい。人とのつながりが希薄な今、イベントに参加することで初対面の方々が友達になったり、意気投合した人と2次会に行ったり、中には結婚したりするカップルもいます。クラフトビールを通じて、人とのつながりを生み出し、社会とのつながりに貢献したいですね」(井手氏)

ただ「酒量を減らそう」とアピールしても、酒好きには伝わりづらい。井手氏の話を聞くと、飲み手の健康についてよく考えていることが伝わってくる。

ノンアルコール飲料だって悪くない

肝臓専門医
浅部伸一

酒好き医師も飲むノンアルコール飲料

酒を飲めば、つい、それに合うつまみ、それも脂質・糖質過多のものが食べたくなる。食べればまた、酒が飲みたくなる……これがエンドレスになるのが酒飲みの性だ。

適正飲酒とはすなわち、そのような悪循環を断ち切るために、飲み過ぎを防ぐこと。そのためにはやはり、飲酒量をコントロールしなければならない。だが、できることなら、それでもやはり「酒を飲んでいる」という満足感は得たいと切に願っている。

自らを酒好きと言う肝臓専門医の浅部伸一氏は、このようなご時世にあって、どのように酒と付き合っているのだろうか。ぜひ聞いてみたい。

「最近は、**ノンアルコール飲料**を上手に使っています。お酒を飲んでいて、ああ楽しいな、もう少し飲みたいな、という段階になったら、ノンアルコールや微アルコール飲料に切り替えます。そうすることで、トータルのアルコール摂取量を減らせますからね。また、何も食べずに飲むのではなく、食事と一緒にゆっくり飲むようにしています」（浅部氏）

途中でノンアルコール飲料に切り替えたり、またはノンアルコール飲料を最初に飲んだりすれば、確かに酒量は減る。かつてノンアルコール飲料というと、「おいしくないけど、仕方なく飲む代替品」というイメージだったが、昨今のノンアルコール飲料はクオリティが高い。

例えば、実際にビールを醸造してからアルコールを取り除くという製法で作った『アサヒゼロ』や、ビールと同じ原材料で発酵させながらアルコールを産出しない製法で作ったノンアルコールのクラフトビール『ＢＲＵＬＯ（ブルーロ）』などは、本物と遜色ない味わいだ。

ノンアルコール飲料の市場は増えており、15年前に比べ約6倍にも拡大した。コンビニやスーパーの酒売り場も、ノンアルコール飲料の棚が徐々に増えつつある。著名なレストランでもノンアルコール飲料と料理のペアリングコースができたり、バーでもノンアルコールの「モクテル」の種類が増えたりしている。

また、ニューヨークではノンアルコール飲料と並んで、新しい「機能性ドリンク」が、

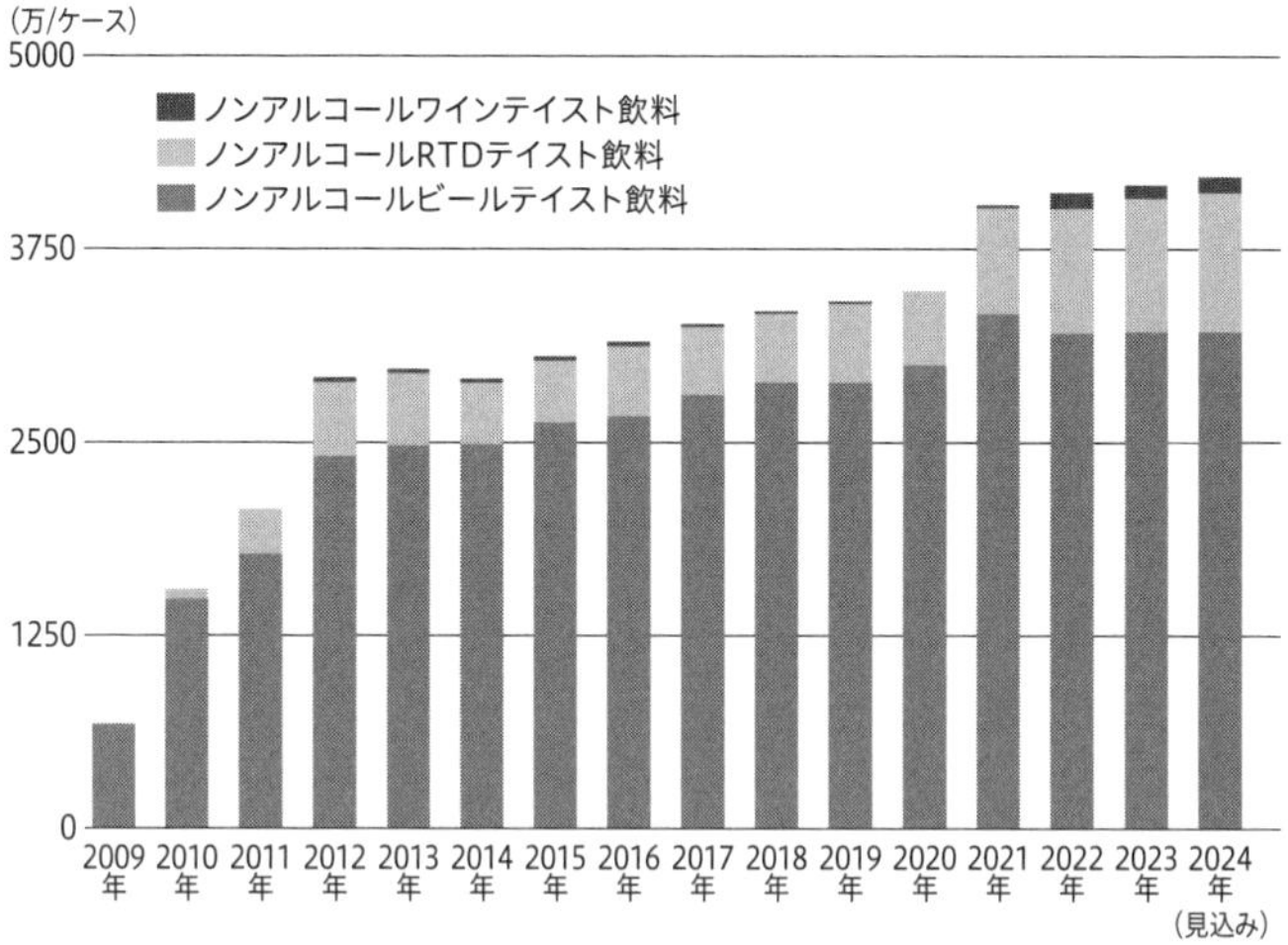

ノンアルコール飲料市場の推移（サントリー ノンアルコール飲料レポート2024）

意識の高い人々を中心に支持されているという。機能性ドリンクとは、腸に働きかけるプロバイオティクスが配合されていたり、アルコールが入ってなくてもほろ酔いになれるよう、大麻の成分が入っているものもあるそうだ。

いつまでも好きな酒を飲むために

大手メーカーでは、ノンアルコールや微アルコールの商品を拡充するだけでなく、**適正飲酒を訴える取り組み**を展開するようになった。アサヒビールの「スマドリ」や、サントリーの「DRINK SMART」、キリンホールディングスの「スロードリンク」などがそれで、専用のウェブサイトを用意してそれぞれメッセージを伝えている。

先日は、餃子チェーンの「餃子の王将」で、スマドリが推奨するノンアルコール専用のメニューを見て、以前よりはるかにノンアルコール飲料が浸透していることを実感した。

「確かに世の中の流れとして、アルコール消費量は減っていくと思います。以前に比べて、若い人の肝臓の疾患が減っているのも時代を物語っていますよね。ただ酒好きの1人としては、やはりお酒を楽しみたい。私も、飲むのをやめたいとは思いません。それには健康を維持することが大切です。年に一度は、健康診断を受け、肝臓に問題があると言われたら、クリニックを受診するようにしましょう」（浅部氏）

さまざまな報道のおかげで、酒好きなら誰もが「適量に抑えることが健康維持に必須」ということを理解している。だが、本音を言えば「ミミタコ状態」なのだ。我々酒好きは、それを踏まえた上で、愛する酒を飲んでいきたい。いや、絶対に飲むし、やめない。

そのためにも、自分なりの対策を考えた上で、飲酒寿命を延ばすよう心がけたい。

「やせ薬」で酒を減らせる？

神戸大学
教授
小川渉

注目される「GLP－1受容体作動薬」

酒を減らしたいのに減らせない、という人もいるだろう。

だが、知り合いから、「ある薬」を服用したところ、「酒量が減った」という話を聞いた。それが「**GLP－1受容体作動薬**」というもので、これを「やせ薬」として利用した「GLP－1ダイエット」なるものが存在することを、我が家のポストに投函されるチラシで知っていた。

調べてみれば、GLP－1受容体作動薬は糖尿病の薬として開発され、最近になって肥満症の治療薬としても承認されたらしい。服用すれば、血糖値を下げたり、体重を下げたりする効果が期待できる、ということか。

知り合いの酒量が減ったということは、薬の影響で酒を飲みたくなくなったということ

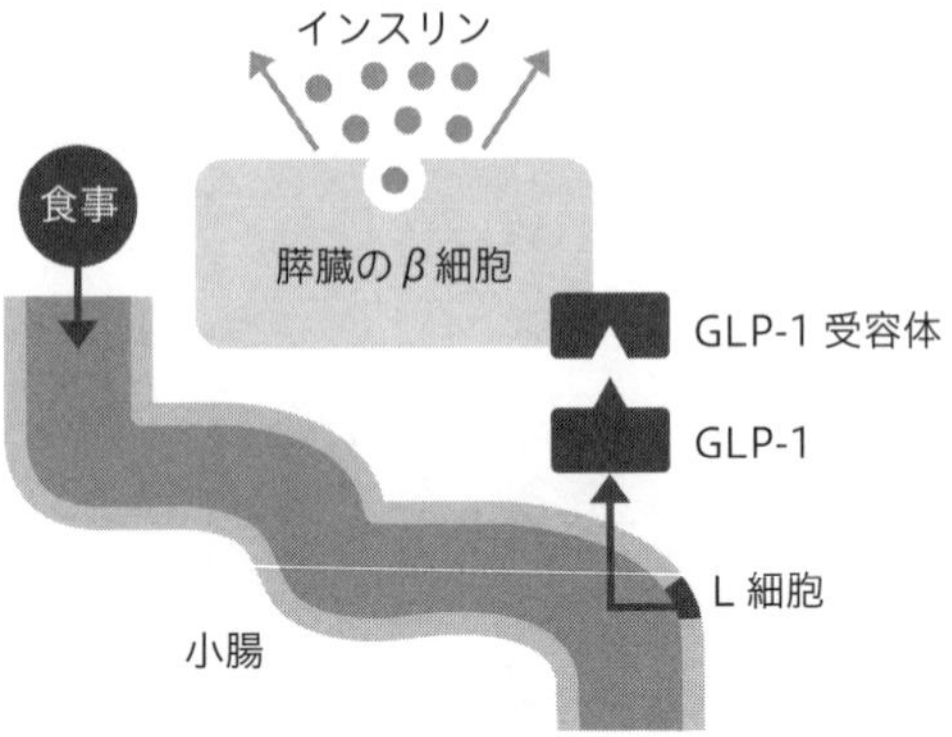

食事をとると小腸にあるL細胞からGLP-1が分泌され、膵臓のβ細胞にあるGLP-1受容体にそれがくっつき、β細胞からインスリンが分泌される

だろうか……と思っていたら、「GLP－1受容体作動薬がアルコール依存症に対しても有用である可能性がある」という報告が科学誌Nature Communicationsに掲載された（＊1）。

　酒飲みとして気になる「糖尿病」「肥満症」「アルコール依存症」の3つに対して効果がある可能性があるということだろうか。GLP－1受容体作動薬について詳しい、神戸大学大学院医学研究科糖尿病・内分泌内科学部門教授の小川渉氏に、いったいどのような薬なのか聞いてみた。

「GLP－1とは、『グルカゴン様ペプチド－1』の略で、膵臓から**インスリンの分泌を高めるホルモン**のことです。食事をとって血糖値が上がると、小腸にあるL細胞からGLP－1が分泌され、膵臓のβ細胞にあるGLP－1受容体にそれがくっつきます。すると、β細胞はインスリンを分泌して血糖値を下げます。GLP－1受容体作動薬は、このGLP－1と同じような働きをして、β細胞にあるGLP－1受容体を活性化させ、インスリンの分泌を促す薬なのです」（小川氏）

GLP－1受容体作動薬は、血糖値が高いときにインスリンの分泌を促すため、「（薬の効き過ぎが原因の）低血糖になりにくい」のが特徴だという。

それでは、どのようなメカニズムで肥満症にも効果が期待できるのだろうか。

「GLP－1というホルモンは、インスリンの分泌を促すほかに、脳に働いて食欲を抑えたり、胃や腸などの消化管の運動を抑制する働きもあります。こうした働きを通じて、肥満症の患者の体重を低下させ、内臓脂肪も減少させると言われています。さらに**食べ物の嗜好も変わる**ようで、油っこいものや甘いものが欲しくなくなることもあります。実際、患者さんを診察していると、この薬を服用するようになってから『食の好みが変わった』という方がいます」（小川氏）

もし筆者がGLP－1受容体作動薬を服用したら、大好物の唐揚げや、脂質たっぷりのカップ焼きそばを食べたくなくなるのだろうか……。だが、肥満症の治療のためにこの薬が処方されるためには、条件があるという。

「日本では、体格指数であるBMI（体重［kg］÷身長［m］の2乗）が25以上の場合を『肥満』といい、かつ肥満による健康障害が1つ以上ある場合を『肥満症』と定義しています。肥満症の治療のためにGLP－1受容体作動薬が処方されるのは、高血圧、脂質異常症、糖尿病のいずれかを有し、食事療法・運動療法を行っても十分な効果が得られていない場合であり、かつ、BMIが27以上で、2つ以上の肥満に関連する健康障害がある方、もしくはBMIが35以上の高度肥満に該当する方も対象になります」（小川氏）

20％以上体重が減った人も

なるほど、肥満症の保険治療として認められるためには厳格な条件があるようだ。ただ、我が家に投函されるチラシを見ると、もっと手軽に治療を受けられるような印象がある。つまり、保険外の自由診療ということか。

「肥満症の治療薬として保険適用されるGLP－1受容体作動薬は、注射薬の『ウゴービ』（一般名：セマグルチド）です。一方、同じ有効成分の『リベルサス』は、経口タイプの錠剤です。ウゴービが週に1回自分で皮下注射するのに対し、リベルサスは毎日1回服用します。このリベルサスを『肥満の治療』と称して自由診療で処方するクリニックもあるようです」（小川氏）

肥満症の治療におけるGLP－1受容体作動薬の効果はどれほど期待できるものなのだろうか。

「個人差はありますが、早い人なら数カ月で効果が表れます。ただし、今までと同じ食事では体重は落ちません。GLP－1受容体作動薬の食欲抑制効果をうまく利用し、栄養管理をした上でないと、思ったような効果は得られないのです。GLP－1受容体作動薬は、エネルギー消費を高めるような作用はありません。『どんなに飲んで食べても、これがあればやせられる』という魔法の薬ではないのです」（小川氏）

日本人を主な対象としたウゴービの臨床試験では、医師の管理のもと食事療法と運動療法を併用して、週に1回68週の治療で**平均13％の体重減少が見られた**という。「試験に参加した方のうち2割は20％以上体重が減ったと報告されています」と小川氏。体重80kgの患者ならば、13％なら10kg以上、20％なら16kgも減るということになる。

依存症の薬としては使えないかも

それでは、GLP－1受容体作動薬がアルコール依存症にも効果があるかもしれない、という点についてはどうだろう。冒頭で紹介したNature Communicationsの論文では、「アルコールを摂取したいという欲求が抑えられた」と書かれているようだが、これも薬の影響なのだろうか。

「臨床の現場でも、GLP－1受容体作動薬による治療を受ける患者さんから、『酒を飲みたいと思わなくなった』『酒量が減った』という声を多く聞きます。しかし、現在のところ、GLP－1受容体作動薬が**飲酒量を低減させるメカニズムは明確にはなっていません**。先に述べたように、GLP－1受容体作動薬を使用すると食べ物の嗜好が変わったりするので、それと関連しているのではないかとも考えられます」（小川氏）

人間の食行動を司る脳の働きには、空腹を感じたときに食事をして満腹感を得るための「恒常的調節」と、糖質や脂肪がたっぷり含まれたものや、塩味があるものなどをとりたいと思う「報酬系」の2種類がある。アルコールは、どうやら報酬系のほうに含まれるようだ。

「GLP－1受容体作動薬は、食欲を抑制するだけでなく、食べ物の好みを変化させる働きがあります。つまり、報酬系として、油ものが好きな人、甘いものが好きな人、お酒が好きな人が、それぞれの好きなものが欲しくなくなってくるということがあるのです」（小川氏）

なるほど。今後、GLP－1受容体作動薬が、アルコール依存症の治療薬や、減酒の治療に使われることはあるのだろうか。

「GLP－1受容体作動薬に酒量を抑制する可能性があることは分かりましたが、そのままアルコール依存症の治療に使えるかというと、そうではないかもしれません。アルコール依存症の患者さんは栄養障害を伴っている場合が多く、GLP－1受容体作動薬による食欲抑制作用によって**栄養障害**が悪化する可能性もあります」（小川氏）

特に高齢者の場合、体重が減り過ぎると、筋力や身体機能の低下が起きる可能性があるため、GLP－1受容体作動薬の使用には慎重にならなければならないという。

確認が甘いオンライン診療も

酒飲みにとって、酒が飲みたくなくなるというのは、ありがたくない効果かもしれない。人生を損しているような気分になる、といっていいだろう。私も、おいしいものはやっぱり酒とともに食べたいし、友達とのおしゃべりも酒があったほうが断然弾む。

だが、糖尿病や肥満症の治療が必要で、かつ「酒量を減らしたくても減らせない」という人であれば、「GLP‐1受容体作動薬を使ってみたい」と思うかもしれない。しかし、どんな薬にも副作用は必ずある。

「注意したい副作用としては、まず低血糖です。GLP‐1受容体作動薬は低血糖になりにくいとはいえ、絶対にならないというわけではありません。また、飲酒には血糖値を下げる作用があるので、お酒が好きな方は気を付けなければなりません。それから、吐き気や嘔吐、下痢、便秘、腹痛などの消化器症状。さらに、急性膵炎が起きる可能性が報告されています」（小川氏）

こうした副作用について聞けば聞くほど怖くなる。しかし、実は「GLP‐1受容体作動薬」と入力してネット検索すると、オンライン診療で薬を処方してくれるサイトがたくさんヒットする。これらは本当に大丈夫なのだろうか。

「オンライン診療自体は違法ではありませんが、症状などをどれくらいきちんと確認しているか分からないという側面もあるため、注意する必要があると思います。病院では、医師が対面で診察した上で、血圧や体重などの身体所見を確認し、血液検査などを行い、継続的に患者さんを診ていきます。しかも、栄養管理や、食事療法や運動療法についても併用していきます」（小川氏）

GLP－1受容体作動薬については、ダイエット目的の自由診療での利用が増加するにつれ、本来の糖尿病治療で必要な患者向けの薬が不足するのではないか、という問題もあるという。もしそうなれば本末転倒だ。

「薬は、その効能による利益が、副作用による不利益を上回ると考えられる場合に利用するもの」と小川氏。安易に自由診療に飛びつかず、自分に必要なものなのかきちんと判断したいものだ。

第7章

そうだったの？
飲むと影響を受ける
体のアレコレ

飲み過ぎると肌ボロボロに

銀座ケイスキンクリニック
院長
慶田朋子

肌にとってメリットよりデメリットが大きい

このところ肌の調子がすこぶるいい。

以前と比べて、しっとり感とツヤが全く違う。最も違うのは、吹き出物ができなくなったことだ。コロナ禍のマスク生活の影響かと思っていたが、一時は皮膚科回りをするほど肌荒れに悩んでいた。

だが今は吹き出物とは無縁。いったい何がよかったのだろう？　思い当たるとしたら、家で酒を飲むことを基本的にやめて、飲酒量を減らしたことしか考えられない。

これまで酒と肌の関係なんて考えたことがなかったが、やはり**飲酒量を減らすと肌の状態が良くなる**のではないだろうか。周囲にいる酒豪の男性方の肌を見ると、荒れ気味の人がかなり多い。ひどい人になると、粉ふき芋かと思うほどガッサガサなのだ。

気のせいかもしれないが、酒豪かつ愛煙家の男性ほど、シミ、しわが多く、肌の状態が良くないような……。

世の酒好きな男性のためにも、専門家に事実を確認せねばならない。美容皮膚科専門医として、美に関するアンテナの高い女性から絶大な支持を受けている、銀座ケイスキンクリニック院長の慶田朋子氏に、肌と酒の関係について伺った。

ズバリ、肌にとって飲酒は良くないのだろうか。

「はい、飲酒はお肌にとってメリットよりも、デメリットのほうが大きいと言えます」(慶田氏)

ああ、できれば信じたくなかったが、やはり酒と肌は関係があったのだ。ではいったい酒の何が肌に悪影響を及ぼしているのだろう？

「飲酒はお肌にさまざまな影響を与えます。お肌の健康にとって大切なのは、**睡眠、食事、排泄、運動習慣、ストレスコントロール**の5つ。このうち最も重要なのが睡眠です。睡眠は肌の再生にとって欠かせないもので、睡眠の質の低下は肌荒れの原因になります。眠れないからと寝る前にお酒を飲む方がいらっしゃいますが、全くの逆効果です。寝酒はよく眠れるどころか、アルコールの覚醒作用によって、中途覚醒を招きやすくなり、睡眠の質

が低下します。毎晩のように寝酒をあおっていると、お肌はボロボロになってもおかしくありません」（慶田さん）

酒飲みならほとんどの人が経験していると思うが、寝酒をすると寝入りばなは良いが、必ずといっていいほど夜中に目が覚める。確かに酒を飲まずに寝た夜は、中途覚醒がほとんどなく、目覚めもいい。肌もつややかで、しっとりとしている。質のいい睡眠は、高価な美容液に勝るとも言える。

若い頃ならいざ知らず、お肌の曲がり角をとうに迎えた年齢なら、寝酒による睡眠の質の低下は肌にダイレクトに悪影響を及ぼすのだろう。

「毎晩のようにお酒を飲む方で、肌荒れに悩んでいるのであれば、まずは**1週間、寝酒をやめる**ことをお勧めします。それだけで、びっくりするぐらい肌荒れは改善するはずです」（慶田氏）

なるほど。これまでスキンケアとは無縁で、肌が荒れるに任せていた酒豪のおじさまたちにも、「まずは1週間、寝酒をやめる」というのをお勧めしたい。

「男性でも、若い世代ではスキンケアは常識になりつつあります。それよりも上の世代で、これまでスキンケアとは無縁だったという方は、基本として、**洗顔、保湿、そして紫外線**

対策から始めてみましょう。洗顔料をよく泡立てて顔を洗い、ジェルタイプで保湿効果の高い化粧水や乳液を塗って、外で活動するときは日焼け止めも忘れずに塗るといいですね」（慶田さん）

寝酒をやめて肌荒れが改善したおじさまが、さらなる一歩としてスキンケアに気を配り出したら素敵だと思う。

アセトアルデヒドで「糖化」が進む

だがしかし、肌への長期的な影響を考えると、寝酒をやめることだけでなく、やはり飲酒量にも気を付けなければならない。

「お酒は、お肌に直接的な悪影響も及ぼします。お酒を飲むと、アルコールは胃や小腸で吸収され、主に肝臓で分解されます。そして、アルコールの代謝により生成される『**アセトアルデヒド**』が問題なのです。通常、アセトアルデヒドはさらに分解され、無害な酢酸になるのですが、お酒を飲み過ぎるとアセトアルデヒドの分解が追い付かず、体に長い時間とどまってしまいます。これにより、お肌にさまざまな悪影響が生じるのです」（慶田氏）

アルコールの代謝能力には個人差があり、酒を飲むとすぐ顔が赤くなる人は、アセトアルデヒドの分解が遅い。そのため、いわゆる下戸のほうが、肌への影響は大きいと言える。

それでは、アセトアルデヒドは肌にどのようにして影響を与えるのだろうか。慶田氏によると、体のコゲともいわれる**「糖化」**が関わっているのだという。

「糖化は、体内の余分な糖がたんぱく質と結びつく現象のことです。この糖化が進むと、**AGEs（終末糖化産物）**という物質が生成されます。AGEsは肌の弾力を奪い、シミ、しわ、くすみなどを引き起こします。実はアルコールの分解過程で生じるアセトアルデヒドもまた、たんぱく質と結合し、アセトアルデヒド由来のAGEsを生成します。つまり、お酒をたくさん飲んで体内にアセトアルデヒドが長く存在すると、糖化が進み、老化が加速してしまうのです」（慶田氏）

女性誌の美容特集などで老化を加速させる主因とまでいわれる「糖化」というキーワード。これが、アセトアルデヒドと関係があるのだ（涙）。実際に飲む頻度が高い人ほどAGEsが体内に多く蓄積しているという研究もある（＊1）。

慶田氏によると、AGEsによって肌のコラーゲンなどのたんぱく質が変性・劣化すると、皮膚は硬くなってハリを失い、しわやたるみ、くすみの原因になる。しかも、劣化した肌のたんぱく質は、「古くて伸びた輪ゴム」のようなイメージだという。一度そうなってしまうと、「元に戻るのは難しい」というから恐ろしい。

飲酒のせいでビタミンB1不足に

AGEsだけでなく、酒の肌に対する影響はまだある。

「体内でアルコールが分解されるときに、**ビタミンB1**が大量に消費されます。ビタミンB1は、糖質が代謝されてエネルギーが産出される際に補酵素として働きますが、お肌のターンオーバー（新しい皮膚ができて古い皮膚がはがれ落ちること）にも関わるものです。それが不足することによって、お肌が乾燥し、代謝も低下。すると、お肌のきめが粗くなり、透明感が失われます。またアルコールによる利尿作用によって脱水が促進されることも、お肌の乾燥へとつながってしまいます」（慶田氏）

しかも、酒飲みかつ愛煙家は、さらに注意が必要だという。タバコは人体にさまざまな害を与えるが、それが顕著に表れるのが肌なのだ。例えば、タバコに含まれる**ニコチン**の働きにより毛細血管が収縮し、体のすみずみまで栄養が届かなくなってくる。すると、肌の再生能力が弱まり、吹き出物が出るなどのトラブルが起きる。

「タバコには多くの化学物質が含まれています。タバコを吸うとそれらの化学物質が体に入ってくるので、それに対抗しようと体の中で**活性酸素**が大量に生まれます。すると、活性酸素は細胞の『**酸化**』を招き、コラーゲンの分解を加速させるため、しわやたるみができていくのです。副流煙にも同様の作用があります。居酒屋でお酒を飲みながら副流煙を浴びるのも肌の酸化を促してしまいます」（慶田氏）

今でこそ喫煙できる飲食店は少なくなったが、副流煙を浴びながら酒を飲む日が続くと、やたら化粧のノリが悪かった記憶がある。気のせいではなかったのかもしれない。

また、酸化は体の「サビ」と言われる。酸化は、体の「コゲ」である糖化と手をつないで老化を促進させてしまう。なんということだ。

酒を飲むのを「非日常」にする

慶田氏によると、美肌のためには、良質なたんぱく質やビタミンをとることも大切だが、そうした栄養をしっかりとったからといって、酒を飲み過ぎていいことにはならないという。

また、日本酒には肌にも良いアミノ酸が豊富に含まれていると言われている。日本酒やワインに糖化を抑える効果が期待できるという研究もある。しかし、だからといって日本酒やワインをガブガブ飲み過ぎては、肌の老化が進んでしまい、本末転倒なのだ。

「飲酒が習慣化して、お酒を飲まないと1日が終わった気がしない、ストレス解消ができない、という人は、自分の考え方や行動を見直したほうがいいかもしれません」（慶田氏）

夕方になると当たり前のように、缶ビールのプルトップを「カシュッ」と鳴らしてしまう酒飲みにとっては、頭の痛い言葉だが、惰性でだらだらと飲んでいるのであれば、この機会に見直してもいいかもしれない。

「お肌の問題だけでなく、飲み過ぎはさまざまな病気につながる恐れがあります。年齢を重ねるとだんだんお酒に弱くなり、アルコールが体に与える影響も大きくなってきます。そこで、日頃からつい飲み過ぎてしまうという方は、お酒を飲むのが日常ではなく、『特別な日』だと考えるのはどうでしょう。つまり、お酒は『ハレの日』の飲み物というわけです」（慶田氏）

私事で恐縮だが、コロナ禍にアルコール依存症になりかけたのをきっかけに、家飲みをほぼやめてから、私にとって酒を飲む日＝スペシャルデーになった。「酒を飲むのは外食時」と決めてしまえば、家ではノンアルコールビールやレモンテイストの炭酸水でも満足できるようになった気がする。

「日常的にお酒を飲むのではなく、飲むのが特別な日だと考え、お酒を買い置きしないようにして、安いお酒ではなく高いお酒を選ぶようにすれば、飲酒量は自然と減っていくでしょう。逆に、安くてアルコール度数が高いお酒は、どんどん飲めて深酒につながるので、肌にとって害悪でしかありません」（慶田氏）

また、慶田氏は、**飲酒がストレス解消になっている**という人には、皮膚科のアトピー外来での治療が参考になるかもしれないと話す。

「アトピー性皮膚炎の患者さんは、ストレスがかかると皮膚をかいてしまい、症状が悪化します。それがエスカレートすると、かくこと自体がストレス解消になってしまうのです。そういう患者さんには、日記を書いてもらい、どういうときにイライラしてかきたくなるのかを明確にし、行動パターンを見直します。かきたくなったときに、かくという行動を、深呼吸したり、お茶を飲んだり、ガムをかんだり、好きなタレントさんの写真や動物などの癒やし系動画を見たり、といったほかの行動に置き換えることができれば、症状が劇的

に良くなることがあります。こうした行動変容は、お酒にも応用できるのではないでしょうか」（慶田氏）

なるほど。どんなときに酒を飲みたくなるのかを日記に書くことで可視化し、飲むという行動を別の行動に置き換えることで、ストレス解消を別の方法で行うというわけだ。丹精込めてつくられた酒を、ストレス解消の道具にしてしまってはもったいない。いい気分でじっくり飲みたいものだ。

花粉症は飲酒でひどくなる？

日本医科大学
教授
大久保公裕

酔っ払ったまま寝ると症状が悪化

寝ても覚めても滝のように流れるサラサラの鼻水。眼球を取り出して洗いたくなるほどかゆい目。そして何とも言えないだるさ……。

本来なら春は気候的にも最高なのに、**花粉症**の人にとっては「早く過ぎ去ってほしい季節」でしかない。

かくいう筆者も花粉症歴40年。症状が出る2月から耳鼻咽喉科に通って飲み薬と点鼻薬を処方してもらい、それに加えて鼻うがいや、花粉症にいいとされる乳酸菌飲料や、柑橘類のじゃばらのジュースなども摂取して、入念な対策を行っている。

そうやってみっちりとケアをしているのに、**酒を飲み出すと、症状がたちまち悪化してしまう**。どうやらこれは筆者に限ったことではなく、花粉症持ちの酒飲みは同じような悩みを抱えているようで、SNSにも「酒を飲むと花粉症がひどくなる」「酒と花粉症の薬は相性が悪そう」といった投稿が目につく。

そういえば、休肝日を作るようになってからは、花粉によるモーニングアタック（起床時にくしゃみ、鼻水などがひどくなること）があまりなくなった。目と肌のかゆみ程度で何とか治まっている。ということは、やはり花粉症とアルコールは何かしらの関係があるのかもしれない。

花粉症に詳しい、日本医科大学大学院医学研究科頭頸部感覚器科学分野の教授で、日本アレルギー協会理事でもある大久保公裕氏に聞いてみよう。

「花粉症の方がお酒を飲むと、症状は間違いなく悪化します。お酒を飲むと、アルコールによって、**体の毛細血管が拡張する**からです。このとき、鼻の粘膜が腫れ、一層敏感になり、くしゃみ、鼻水、鼻づまりといった花粉症の症状がひどくなります。また、アルコール代謝の過程で生成されるアセトアルデヒドによってアレルギー症状を引き起こす『ヒスタミン』の放出が促されることで症状が悪化するとも考えられています」（大久保氏）

ああ、やっぱり、花粉症とアルコールの相性は良くなかったのか（涙）。症状を悪化させたくなければ、酒を飲むのをやめるしか策はないのだろうか。

「そんなことはありません。基本的な対策としては、**酔っ払った状態で眠らない**こと。つまり、お酒がさめた状態になってから眠るようにしましょう。そのためには、二日酔いになるまで深酒をしないことが大前提になります。たしなむ程度に飲めば、翌日、花粉症の症状がひどくなるのを避けられます」（大久保氏）

酔っ払ったまま寝ると、毛細血管が拡張し、粘膜が腫れたまま眠ってしまうことになる。すると、翌朝まで花粉症の症状が悪化した状態が続いてしまうのだという。また、二日酔いになると、それが収まるまでは花粉症の症状もひどくなりやすいと考えられる。

確かに、花粉症の酒好きの多くが体験しているように、深酒をしたときほど、翌日の症状がきつくなる。つまりは、「症状を悪化させたくなければ、飲み過ぎないようにする」ということが第一なのだ。

「深酒をしないということに加えて、外から帰ってきたら入浴などの際に体についた花粉を落とし、寝る前に点鼻薬でケアをしておけば、さらに症状の悪化の緩和が期待できます」（大久保氏）

増え続ける花粉症患者

そもそも、花粉症とはどのようなものなのだろうか？

「花粉症は、『症』という文字がついていることからも分かるように、症状を指すもので病気ではありません。その症状は実にさまざまで、アレルギー性鼻炎、アレルギー性結膜炎、じんましん、アトピーの悪化など、花粉によって起こる体のアレルギー反応の全てを指して花粉症と言います。これらの症状は、体が異物だと判定した花粉から体を守るための『防御反応』。花粉によって鼻水や涙が出るのは、異物である花粉を体外へ追い出すためなのです」（大久保氏）

体にとっては自分を守るための防御反応なのかもしれない。しかし、人間にとってはQOL（生活の質）が下がってしまう、迷惑な症状でしかない。特に花粉症持ちの酒飲みにとっては。

酒好きをも痛めつける、この厄介な花粉症。その対処法について詳しく聞く前に、敵のことをもう少し知っておきたい。「現代病」とも言える花粉症だが、患者は増えているのだろうか？

「はい、残念ながら花粉症の方は増えています。例えば、スギ花粉症は２００８年には人口当たり26・5％だったのが、２０１9年には38・8％と、10％以上増加しています（＊2）。その背景には、戦後に各地に植えた杉が育ち、花粉の飛散量が増えたことがあります。また、かぜなどの軽い感染症に対し、早々に抗菌薬を使ってしまうことも影響していると考えられます」（大久保氏）

抗菌薬は細菌による感染症を防ぐ薬で、かぜの原因となるウイルスには効かない。にもかかわらず、「細菌による二次感染の予防」などの名目で安易に抗菌薬が使われてきたために、体内の細菌叢《そう》が乱れて免疫機構のバランスが崩れ、花粉をはじめとする「自然のもの」に対して防御反応を示すようになったと考えられているという。

「さまざまな抗菌グッズが使われるようになった『クリーン過ぎる環境』もまた、花粉症患者の増加につながっているのではないかとも言われています」（大久保氏）

良かれと思って使っている抗菌グッズが、間接的に花粉症の原因になっていたとは考えもしなかった。

花粉症の薬で悪酔いすることも

ところで、「花粉症の薬を飲んでいるときに飲み会に行くと、いつもより悪酔いする」ような気がする。そもそも服薬中に酒を飲むこと自体間違っているとお叱りを受けそうだが、酒好きはついついやってしまいがちだ。

「花粉症の薬の中でも、ポララミン（一般名：d-クロルフェニラミンマレイン酸塩）などの眠くなる**抗ヒスタミン薬**を飲んでいる方は、お酒を控えたほうが無難です。これらを飲むと、脳にあるヒスタミン受容体がブロックされるのですが、その状態でアルコールが入ると、脳に与える影響が大きくなり、眠気をはじめとする副作用もひどくなります。日常的にお酒を飲む方は、眠気を誘発しない薬を病院で処方してもらいましょう」（大久保氏）

花粉症の薬の中でも「**第三世代**」と呼ばれるルパフィン（一般名：ルパタジンフマル酸塩）、ビラノア（一般名：ビラスチン）、ザイザル（一般名：レボセチリジン塩酸塩）などが「眠くならない薬」にあたるそうだ。これらの薬は、脳の関門を通過しないよう成分のサイズが大きくなっており、眠気が起こりにくくなっている。

そして大事なのは、「市販薬で済まさず、できるだけクリニックなどで薬を処方してもらうこと」だという。

「市販薬といっても、もともと処方薬だったものが市販薬として入手可能になったものもあり、選択肢は広がっています。ただ、第三世代の薬は医師でなくては処方できません。その人の症状や生活パターンに最も適した処方薬がありますので、面倒でも病院で飲み薬と点鼻薬、点眼薬を処方してもらうことをお勧めします」（大久保氏）

花粉症のシーズンの耳鼻咽喉科は混み合うだけに、市販薬で済ませている人も少なくないはず。市販薬では花粉症の症状をうまく抑えられない、花粉症シーズンに酒を飲むと眠気が出て困る、という悩みを持つ人は特に、病院で薬を処方してもらうようにしよう。

脂の多い肉類を多く食べると悪化

花粉症の症状が悪化しにくい酒やつまみの種類はあるのだろうか？

「基本的に、どんなお酒でも飲み過ぎたら花粉症には良くありません。ただ、**蒸留酒**は醸造酒に比べ、酔いがさめやすいので、翌日の症状を悪化させないためには蒸留酒のほうが向いているかもしれません。おつまみは薄味を心がけ、かつ消化のいい軽めのものを選ぶようにしましょう。中でも**緑黄色野菜**は積極的にとりたい食材です。逆に、脂の多い肉類などばかり食べると、アレルギーを悪化させてしまうので注意が必要です」（大久保氏）

また、おつまみについては、なるべくたくさんの食材をバランスよく食べることが大切だという。

「脂をとる場合は、DHAやEPA、α-リノレン酸をはじめとする『オメガ3脂肪酸』を多く含む青魚や、亜麻仁油などがお勧め。オメガ3脂肪酸には、アレルギーの改善効果が認められています。そして、酔うことよりも、会話を楽しむことに重きをおいて、飲み過ぎに注意しましょう」（大久保氏）

酒を飲み出すと、つい唐揚げなど味の濃いものを選びたくなるが、花粉症のシーズンは青菜のおひたしや、イワシやアジの刺身を選ぶようにしたい。また、日本酒やビールよりも、蒸留酒である焼酎の水割りやハイボールが良さそうだ。

「花粉症のシーズンに限らず、花粉と接する粘膜や肌のケアを普段からすることも、症状を悪化させないポイントです。鼻をかむときはこすりすぎない、そしてティッシュを鼻の穴に詰め込むのも厳禁です。目には見えない小さな傷が、肌や粘膜にできてしまうからです。ほかにも、規則正しい生活を送る、十分な睡眠をとる、ストレスをためない、少し汗

をかくらいの適度な運動をすることも花粉症対策につながります」(大久保氏)

花粉症の症状が出る前から生活習慣を整えておくことが、症状緩和へのカギになるという。心しておきたい。

根治させるなら「舌下免疫療法」

こうしたケアに加え、花粉症の最新治療も知っておきたいところ。一発で花粉症が完治するような治療があればいいのだが。

「残念ながら、花粉症は一度の治療で完治することは難しいですね。最新の治療でいうと、薬を飲んでも症状が緩和しない重症の方に向けた抗体治療があります。抗IgE抗体のゾレア(一般名:オマリズマブ)を、2週間または4週間に一度、皮下注射する治療です。ただしこれは重症患者のみが対象で、値段も高価です」(大久保氏)

根本治療を目指すのであれば、「**舌下免疫療法**」がお勧めだという。

「舌下免疫療法は、アレルギー反応を起こす物質を毎日体に入れる治療法で、通常2~3年程度かかりますが、1年継続するだけでも症状がだいぶ緩和すると言われています。花

粉の飛散がなくなった6月ごろからスタートすれば、翌年の服薬量を減らすことも期待できます」（大久保氏）

花粉症シーズンも、外でのスポーツや花見を心から楽しみたいのであれば、舌下免疫療法を検討してもいいかもしれない。実際、知人も3年間の舌下免疫療法で、服薬せずに生活できるようになった。治療が終わるまで時間がかかるが、花粉症のしんどさを考えれば挑む価値大である。

飲み過ぎでEDになる？

順天堂大学
教授
辻村晃

日本人男性の8割がED？

「酒の飲み過ぎとEDって関係あるの？」

酔いが回ってくると、結構な確率で聞かれるのが、酒とED（＝Erectile Dysfunction、勃起障害）の関係だ。筆者と同年代のアラカン男性だけでなく、働き盛りの40代の男性や、30代に入ったばかりの若手も気になっている様子である。

昔から、「深酒すると、性行為の際に役に立たなくなる」という話は耳にしたことがあるが、日常的に大量に飲む多量飲酒とEDの関係性についてはよく分からない。正直、「年齢を重ねればEDになるのはごく普通のこと」と思っていたが、どうやらそんな単純な話ではないようだ。

真実を探求すべく、順天堂大学医学部附属浦安病院泌尿器科教授で、日本性機能学会副理事長である辻村晃氏にお話を伺った。

まず、EDとはどういった症状を指すのだろうか。

「EDとは、満足な性行為を行うのに十分な勃起が得られないか、または維持できない状態のことです。ペニスにはスポンジのような海綿体が存在し、そこに血液が充満することで勃起するのですが、血流が悪くなって血液が充満しなくなるとEDが起こります。EDは、身体的要因による『**器質性**』、メンタルが要因の『**心因性**』、その2つが混合した『**混合性**』の3つに分類されます」（辻村氏）

筆者の周囲の酒好き男性の多くがEDを気にしているのだが、実際、EDは増えているのだろうか。

「非常に増えています。2023年、私が委員長を務める日本性機能学会の臨床研究促進委員会が主導して、日本の男性6228人を対象にしたEDに関する大規模な全国調査を行いました。すると、前回1998年に行った大規模調査のときよりも、EDの人は大幅に増えていました。ただ問題なのは、何を基準にEDを判定するかで、その数が変わってくるということです」（辻村氏）

はて、EDを判定するなら、国際的に使われている基準を利用すればいいと思うのだが……。
「実は、国際的によく使われている**SHIM**（Sexual Health Inventory for Men）という判定基準に当てはめてみると、なんと81％がEDという結果になってしまったのです」（辻村氏）
8割がED……。いったいどういうことだろうか。
「1998年の調査では、『勃起せず性交不可能』と答えた人を完全EDとし、それが260万人。『たまに勃起、性交中勃起は維持できる』と答えた人を中等度EDとし、それが870万人。合わせて1130万人をEDだと考えていました。そして、今回の結果に、SHIMによるED重症度の判定基準を当てはめてみたところ、軽症EDから重症EDまでの合計が全体の81％になり、3658万人がEDになってしまったのです」（辻村氏）

「勃起の硬さ」でEDかどうか判断

よく話を聞いてみると、謎が分かった。EDの診療でも使われるSHIMは、5つの設問に答えるもので、1つ当たり5点満点、合計25点満点になっている。直近の6カ月でどうだったかを答えるのがポイントだ。

SHIMの設問

この6カ月に、

1. 勃起してそれを維持する自信はどの程度ありましたか
2. 性的刺激によって勃起したとき、どれくらいの頻度で挿入可能な硬さになりましたか
3. 性交の際、挿入後にどれくらいの頻度で勃起を維持できましたか
4. 性交の際、性交を終了するまで勃起を維持するのはどれくらい困難でしたか
5. 性交を試みたとき、どれくらいの頻度で性交に満足できましたか

出典:「ED 診療ガイドライン[第 3 版]」

「ＳＨＩＭでは、6カ月の間に一度もセックスをしなかった場合、点数が自動的に低くなってしまうのです。つまり、ＳＨＩＭの判定基準を当てはめると大多数の人がＥＤになってしまう背景には、日本でセックスレスが進んでいるという事情があります。そこで、今回の調査ではＳＨＩＭではなく**ＥＨＳ**(Erection Hardness Score)という基準を使うことにしました」(辻村氏)

ＥＨＳとは、勃起の硬さについての評価基準で、相手ありきの性行為だけでなく、朝の勃起やマスターベーション時の勃起も含まれる。

「調査結果で、ＥＨＳでグレード2以下の割合は、30・9％でした。これをＥＤの割合だ

勃起の硬さスケール(日本語版EHS)

あなたは自分の勃起硬度をどのように評価しますか?

グレード1　陰茎は大きくなるが、硬くはない

グレード2　陰茎は硬いが、挿入に十分なほどではない

グレード3　陰茎は挿入には十分硬いが、完全には硬くはない

グレード4　陰茎は完全に硬く、硬直している

出典:「ED 診療ガイドライン[第3版]」

と考えると、現在の日本でEDの人は1401万人と考えられます」(辻村氏)

1998年の1130万人から2023年の1401万人へ、25年間でかなり増えたというわけである。いやはや。

世界に冠たる「セックスレス大国」

それにしても、日本でセックスレスが進んでいるというのは、どういうことなのだろうか。

「実は、日本は世界に冠たる『**セックスレス大国**』なのです。英国の避妊具メーカーが全世界で行っている調査によると、日本人のセックスの頻度はダントツの少なさになります」(辻村氏)

そして、2023年の大規模調査でも、性行為が「1カ月に1回未満」と答えた人の割合は、70・4%にも及ぶと

いう。

なぜ日本はこのようなセックスレス大国なのか。辻村氏は、「さまざまな要因が考えられますが、完全に説明できているわけではありません」と話す。

「ただ、今回の調査で、1998年の調査では分からなかったことが浮き彫りになりました。それは20代のEDです。1998年のときは、30～70代を対象としていたので分からなかったのですが、今回は20～70代を対象としたところ、20代のほうが30代よりもEDの割合が多かったのです」（辻村氏）

EHSでグレード2以下の割合を比べてみると、30代では2割を下回っているのに、20代では2割を超えているのである。20代といえば血気盛んな頃で、性欲も旺盛のように思うのだが。一体何が原因なのだろう？

「明確なことはまだ分かりませんが、おそらくSNSの浸透によってリアルなコミュニケーションが少なくなっていることも影響の1つではないかと思います。データを見るとマスターベーションの回数は多いので、性に対する興味はあるものの、人との性行為ができていないわけです。リアルな相手だと緊張してしまうのではないか、と考察しています」（辻村氏）

確かに今の時代は、バーチャルな性的コンテンツはたくさんある。それに、コロナ禍によってリアルなコミュニケーションが激減したことで、恋愛したり、性行為をしたりすることのハードルが上がってしまったのかもしれない。

飲酒は直接のリスク因子ではない

いやもう、このインパクトのある調査結果に驚きすぎて、本来の取材目的を忘れてしまいそうだ。若者を含め、これだけＥＤの人がいるということは、セックスレスをはじめさまざまな問題があるに違いない。ここでずばり、飲酒はＥＤを加速させてしまうのかを辻村氏に聞いてみた。

「実は、**アルコールそのものはＥＤのリスクファクターに含まれていません**。飲酒は少量であれば血流を促すので、ＥＤが起こるメカニズムからいうと悪くない、というデータもあります」（辻村氏）

酒はＥＤのリスクファクターに含まれない！　これは酒好きの男性にとって朗報ではないのだろうか。「ＥＤ診療ガイドライン［第３版］」によると、ＥＤには12のリスクファク

EDのリスクファクター

1. 加齢
2. 糖尿病
3. 肥満と運動不足
4. 心血管疾患および高血圧
5. 喫煙
6. テストステロン（男性ホルモン）低下
7. 慢性腎臓病と下部尿路症状
8. 神経疾患
9. 外傷および手術
10. 心理的および精神疾患的要素
11. 薬剤（降圧薬、抗うつ薬、前立腺肥大症治療薬ほか）
12. 睡眠時無呼吸症候群

出典：「ED診療ガイドライン［第3版］」

ターが挙げられている。

「12のリスクファクターにアルコールは含まれていませんが、注意しなくてはならないのが、これらのリスクファクターは飲酒によって間接的に引き起こされるものが多いということです」（辻村氏）

確かに、辻村氏の言うように、**糖尿病や肥満、高血圧**など、飲酒によって間接的にリスクが高くなるものがずらりと並んでいる。

ということは、やはりこれらを誘引する多量飲酒はEDにとって〝悪〟となりうるということか。

肥満はEDにつながる

「最初に述べたように、EDはペニスの海綿体の血流が悪くなり、血液が充満しなくなることによって起こります。先ほどのリスクファクターは、血管にダメージを与え、血流を悪くするものばかり。特に注意したいのは『**肥満**』でしょう。太ると、糖尿病や高血圧、睡眠時無呼吸症候群のリスクも上がります。そして、お酒好きの方は、普段からカロリーオーバーの食生活で、メタボ（メタボリックシンドローム）気味の傾向にあります。お酒を飲むなら、太らないよう注意することが大切です。逆に、やせるとEDが改善する場合もあります」（辻村氏）

少し古いデータになるが、米国で2万人以上の医療従事者を1986年から14年以上追跡調査した「医療従事者フォローアップ研究（＊3）」では、体格指数であるBMIの値が高いほどEDのリスクが高くなり、肥満の最も重度の群（BMI30以上）は対照群（BMI23以下）と比べて、相対リスクが1・7となっていた。

また、35〜55歳で糖尿病、高血圧、脂質異常症のない肥満男性（BMI30以上）を対象にした研究（＊4）では、10％以上の体重減少があったグループと、そうではないグループとを比較したところ、体重を減らしたグループはＥＤの重症度判定スコアが有意に改善していたという。

「さまざまな研究から、糖尿病や高血圧の患者でＥＤを合併している割合が高いことが分かっています。お酒自体はＥＤのリスクファクターにならずとも、飲み過ぎや食べ過ぎによって肥満になり、糖尿病や高血圧などのリスクが上がれば、ＥＤのリスクにつながるのです。肥満は血流を悪くするのに加え、男性ホルモンの**テストステロン**を低下させる作用もあるので注意が必要です」（辻村氏）

何と肥満はテストステロンまでをも低下させてしまうのか……。それでなくとも、加齢とともに減少していくテストステロン。お年ごろの酒好き男性は、特に注意しなくてはならないようだ。

勃起力が低下したら飲み方を変える

順天堂大学教授
辻村晃

「たかがED」と軽視できない

お年頃の酒飲み男性が気になる「アルコールとED（勃起障害）」の関係。

順天堂大学浦安病院泌尿器科教授で日本性機能学会副理事長でもある辻村晃氏によると、飲酒はＥＤの直接的なリスクファクターではないが、間接的に影響を与える可能性があるという。なぜなら、ＥＤのリスクファクターである糖尿病や肥満、高血圧などが、飲酒の影響を受けるからだ。

確かに、酒好きの人は、飲み会が続くとカロリーオーバーになりやすく、メタボの傾向もある。そのため、糖尿病や高血圧が心配という人も多いだろう。

辻村氏によると、２０２３年に日本性機能学会がＥＤに関する大規模な全国調査を行い、25年前の調査よりもＥＤの人が大幅に増えて、１４０１万人になったことが分かった。飲

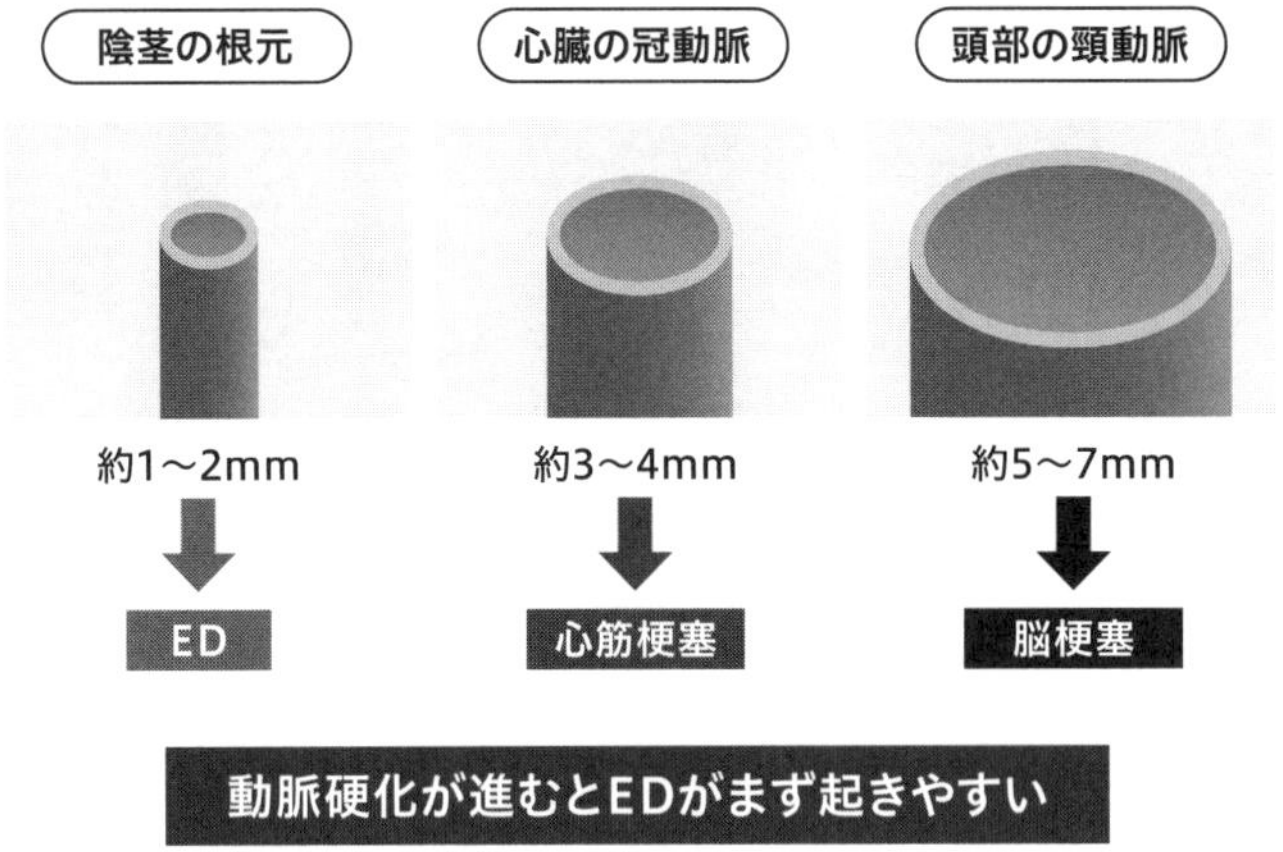

み会の席でＥＤの話題になると、「たかがＥＤ」という感じで笑う人もいるが、軽視してはいけない問題なのかもしれない。

というのも、ＥＤの陰に深刻な病気が隠れているかもしれないのだ。

「ＥＤは実は、『**血管の病気**』だと言うことができます。特に中高年のＥＤは、若い人に比べ、病気が隠れている可能性が高いと考えられます。というのも、**動脈硬化**が進んだことで、ＥＤの症状が出ているケースが多いのです。実際、私が診察したＥＤの患者さんで、重度の動脈硬化が見られた方もいました。男性器の動脈は、心臓や脳の動脈に比べて細いので、動脈硬化が進むと比較的早くからＥＤの症状が出ます。そのまま何もしないで放っておくと、後々、心筋

梗塞や脳梗塞を発症するリスクが高くなってしまうでしょう」（辻村氏）

男性器の根元の動脈は太さが約1～2㎜しかない。それに対し、心臓の冠動脈は約3～4㎜、頭部の頸動脈は約5～7㎜だ。

「ペニスにはスポンジのような海綿体が存在し、そこに血液が充満することで勃起します。動脈硬化により血流が悪くなって血液が充満しなくなるとEDが起こります。EDは、身体的要因による『器質性』、メンタルが要因の『心因性』、その2つが混合した『混合性』の3つに分類され、器質性と混合性を合わせた約87％の人が、動脈硬化をはじめ体に何らかの異常がある状態だといえるでしょう」（辻村氏）

つまり、「**EDは動脈硬化などの予兆**」の可能性があるということだ。

EDになっても受診しづらい

重大な疾患が隠れているのであれば、EDになったら泌尿器科を受診したほうがいいはずだ。実際はどうなのだろう？

「ぜひ受診していただきたいと考えています。しかし、2023年の大規模調査では、E

Dの自覚があっても『治療してみたい』という人は全体の7・1％しかおらず、『実際に病院に相談に行った』という人は1・4％しかいませんでした」（辻村氏）

なんと。病院に行くのは思ったよりハードルが高いということか……。

「日本は世界屈指の『セックスレス大国』で、性行為の頻度がダントツで低いという調査結果があります。セックスをしないのだからEDを放置しても困らないと思われているのかもしれませんが、陰に隠れて怖い病気が進行している可能性もあります。心筋梗塞や脳梗塞などの心血管疾患を発症した人たちを調べたところ、平均で**3年前にEDになっていた**という報告もあるのです」（辻村氏）

心筋梗塞や脳梗塞のリスクが高まる以外にも、辻村氏によると、「前立腺や腎臓の疾患、糖尿病、高血圧、脂質異常症、ホルモンの分泌異常、うつ病が隠れている場合もある」という。EDの自覚症状があったら、専門の病院を受診することが賢明だ。

そうはいっても、男性にとって「EDになりました」と言って泌尿器科を受診するのはハードルが高いのだろう。何かいい方法はないのだろうか。

「かつては、EDの症状が現れた人に来ていただく外来のことを、『性機能外来』や『ED外来』などと称していましたが、今は『**更年期外来**』という名称にしているところが多

いですね。こういった外来なら敷居はそう高くありませんので、安心して受診していただきたいです」（辻村氏）

中高年になると、男性ホルモンの分泌が低下し、さまざまな症状が現れる。そんな「男性更年期障害」における代表的な症状がＥＤで、ほかにも「なんとなく体が不調」だったり、「突然のほてりや発汗がある」といった症状がある。男性にもこうした更年期障害があることが知られてきたので、「更年期外来」に来てもらうのはいいアイデアかもしれない。

バイアグラのネット購入の落とし穴

そういえば、筆者の知り合いでＥＤに悩む男性が、「恥ずかしくて病院に行きづらいから、**ネットでバイアグラを個人輸入**しても大丈夫だろうか？」と言っていたのだが、これはどうなのだろう。

「ネットでバイアグラなどのＥＤ治療薬を個人輸入するのは非常に危険です。というのも、大手メーカー４社がネットに出回っているＥＤ治療薬について調査したところ、約４割が偽物だったという怖い実態があるからです。中には、有効成分が全く含まれていなかっ

たり、不純物が混じっているものもあったそうです。きちんと受診して、医師に処方してもらうことをお勧めします」（辻村氏）

高いお金を払って偽物をつかまされ、効果も期待できないばかりか不純物が含まれている可能性もあるなんて（涙）。中には本物もあるかもしれないが、くじ引きのようなもの。やはりEDの治療は病院を受診することが確実なのだ。

それでは、EDの治療ではどういったことをするのだろうか？

「血液検査を行ったり、動脈硬化の進行具合を調べたりした上で、必要に応じて服薬を試します。EDの治療薬はバイアグラ（一般名：シルデナフィルクエン）、レビトラ（一般名：バルデナフィル）、シアリス（一般名：タダラフィル）などがあります。こうした治療薬はEDを改善する一助になりますが、その背景にある動脈硬化を根治させるものではありません。また効き目には個人差があります」（辻村氏）

なるほど。ところでEDの治療薬と酒の相性はどうなのだろう？

「お酒は、少しであればリラックス効果があるので、相乗効果が期待できるとも言われています。しかし、飲み過ぎると、血圧が下がり過ぎて、めまいやふらつきの症状が出たり、ひどくなると意識がもうろうとしたりします。お酒との併用には十分に注意してください」

（辻村氏）

ＥＤの治療薬には、血管を拡張させる作用がある。一方、アルコールにも、血管を拡張させたり血流を良くしたりする効果がある。そのため、結果として血圧が下がり過ぎてしまうのだ。

「バイアグラなどは、空腹時に飲むことで最大の効果を発揮します。食後に服用すると、有効成分がうまく吸収されない可能性があります。もし食後に服用したいのなら、脂質の少ないあっさりした食事にして、２時間ほど経ってから飲むといいかもしれません」（辻村氏）

睡眠時無呼吸症候群でもＥＤに

聞けば聞くほど、ＥＤを放置するのは良くないことが分かった。それでは、酒好きの人たちが生活習慣の改善などで、ＥＤを予防したり改善したりすることはできるのだろうか？

「アルコールは少量であれば血流が良くなるのでＥＤにとっては悪くないというデータも

あります。問題は、お酒を飲むことによって引き起こされる肥満などです。お酒にもエネルギー（カロリー）があるので、それに加えておつまみを食べ過ぎたり、締めにラーメンを食べたりするのは避けましょう。また、多量飲酒（純アルコール換算で60g相当以上）はEDに影響があるという研究結果もあるので、やはり飲み過ぎは禁物です」（辻村氏）

酒を飲むとつい、唐揚げなど高カロリーのつまみを食べたくなるが、刺身、枝豆、冷ややっこといった低カロリーのものを選ぶよう心がけたい。

また、**睡眠時無呼吸症候群**もEDのリスクファクターとして名を連ねている。これも、肥満によって引き起こされる可能性が高いものだ。

「首回りや扁桃腺の裏側に脂肪がつくことによって、睡眠時無呼吸症候群が生じやすくなります。『ED診療ガイドライン［第3版］』では、睡眠時無呼吸症候群によってEDが起こる原因がいくつか挙げられています。1つは、明け方に増える『レム睡眠』が障害されることによって、夜間勃起現象が起こりづらくなり、その結果、海綿体の血流が悪くなるというもの。ほかにも、交感神経の過剰興奮などが挙げられています」（辻村氏）

睡眠時無呼吸症候群の人は、そうではない人と比べて、EDのリスクが1・82倍になるという。睡眠時無呼吸症候群だけでなく、アルコールにも中途覚醒を引き起こし、睡眠の質を下げる作用がある。寝酒を習慣にしている人は気を付けたほうが良さそうだ。

また、最近では大幅に減ったが、酒好きの愛煙家にはさらに耳が痛い話がある。

「喫煙はＥＤのリスクファクターにも挙げられています。タバコは血流を悪くする作用があるのです。各国の研究においても喫煙者のＥＤ罹患率は高く、オーストラリアの調査で、タバコの本数とＥＤの発症率に関係があったという報告があります」（辻村氏）

ほかにも、イタリア、オランダ、スペイン、中国などにおいて同様の調査結果があるという。酒を飲むとタバコの本数が増える人も少なくない。ＥＤの予防・改善のためには、禁煙は必須と言えそうだ。

飲酒と歯周病

久里浜医療センター
歯科医長
井上裕之

酒好きは歯が抜けやすい?

酔っ払っている方を中心に、面白おかしくインタビューしているバラエティー番組を見て、ふと気づいた。

「歯が欠損している人が多い」と。

単なる偶然かと思ったが、筆者の周囲の大酒飲みを見渡してみると、口腔環境が悪い人が結構な数でいる。

還暦を前にすでに残存歯が6本しかなく、インプラントをした人もいれば、重度の歯周病で歯が抜け落ちてしまった人もいる。5年以上歯科医院に行っておらず、虫歯や歯石を放置しっぱなしの人もザラだ。

筆者の場合は、虫歯になりやすいということが経験から分かっているので、3カ月に一度は歯科医院に通っている。

いや、ちょっと待って。もしや「**虫歯になりやすい**」というのは、日常的な飲酒が影響しているのではないだろうか？

そういえば、深酒をした際、歯も磨かず化粧もしたまま寝てしまったことがあった。そんなことが影響して、虫歯になりやすかったりするのだろうか？

飲酒と口腔環境について詳しい、久里浜医療センターの歯科医長で歯科医師の井上裕之氏に聞いてみよう。

「当院に診察に訪れるアルコール依存症（使用障害）の患者さんを診ていると、決して口腔環境がいいとは言えません。歯が全部で28本ある中で、虫歯が20本あるような人もいます。25～70歳以上のアルコール依存症の方４３７人を対象に調べたデータで、平均して5・7本の虫歯があるという報告もあります。もちろんこれはアルコール依存症の方に限った話ですが、お酒をよく飲む人も、同様に口腔環境に悪影響があると考えられます」（井上氏）

平均で5・7本といったら結構な数ではないか。しかも、この報告では、40～50代に限ると虫歯の平均は7本近くになるという。

唾液が少なくなると口内環境は最悪

やはり大量飲酒は、口腔環境を悪化させるのだろう。それはいったいなぜだろうか？

「アルコールで口腔環境が悪くなる原因は、大きく分けて2つあります。1つはアルコールの**脱水作用**により、口腔内の唾液が少なくなることです。二日酔いになると、喉がカラカラ、口の中がネバネバになりますよね。あの状態が口腔環境にとっては最悪なのです」（井上氏）

なんと、体から水分がなくなって、口腔内の唾液が少なくなることが問題だったとは。唾液が減ると、虫歯などになるリスクが上がるのだという。

「唾液は、唾液腺から分泌されます。唾液腺には、大唾液腺と小唾液腺があり、主として大唾液腺から唾液が分泌されます。さらに大唾液腺は耳下腺、顎下腺、舌下腺の3種類に分かれ、それぞれから分泌される唾液の性質は異なります。主に耳下腺から分泌されるサラサラの唾液は口腔を洗い流し、清潔に保ってくれます。しかし、二日酔いのときはサラサラの唾液が不十分で、口の中がネバネバした状態では汚れが取れにくいため、口腔内で菌が繁殖しやすくなってしまうのです」（井上氏）

唾液に種類があるなんて、恥ずかしながら知らなかった。井上氏によると、「大量飲酒をする人は、食事の量が少ないことも唾液の分泌に影響を与えている」という。

「日常的に大量飲酒をしている人の中には、お酒が主体で食べる量が少ない人もいますよね。アルコール依存症の方がまさにそうで、食事をしないためやせてしまっています。肥満の方はまずいません。お酒しか飲まなくなると、咀嚼《そしゃく》が減り、唾液も減っていきます。さらに、水を飲まずにお酒ばかり飲むので、脱水症状になり、口腔内が渇いてしまいます」（井上氏）

どうやら唾液は、私たちが想像している以上に、口腔環境にとって重要なものらしい。飲酒によって唾液に悪影響があるとは、大問題ではないか。

「唾液には、殺菌効果のほか、歯の再石灰化を促し、口腔内のpHを中性に保ち、食べカスを洗い流す、といったさまざまな効果があります。歯や歯茎は、唾液に守られていると言っても過言ではありません。生まれたばかりの免疫力が低い赤ちゃんがよだれをたらしているのも、口腔環境を整えたり、菌の侵入を防いだりするため。ネバネバの唾液になるまで深酒をするのは、体にとっても、口腔環境にとってもいいことがありません」（井上氏）

また、アルコールの**筋弛緩作用**により、喉周辺の筋肉が緩まって気道が狭くなったりすることで、**いびき**をかきやすくなることでも、口腔内が乾燥しやすくなるという。寝酒も要注意だ。

井上氏によると、ほどほどに飲む分には口腔内に悪影響を及ぼすことは少ないが、日常的に飲み過ぎてしまう人は、口腔環境が悪化して、虫歯や歯周病などのリスクが高くなるという。

泥酔すると歯の磨き方が甘くなる

井上氏はまた、口腔環境が悪くなるもう1つの理由として、「**泥酔して、歯の磨き方が甘くなること**」を挙げた。

「深酒をして、アルコールの影響が運動機能を司る小脳に及ぶと、歯磨きをしても、歯の磨き残しが多くなってしまいます。磨き残しがあると、そこから細菌が繁殖し、虫歯や歯肉炎、歯周病になる確率が高くなります。ただ、虫歯には個人差があります。というのも、歯の質が強く、唾液の量がもともと多い人は、虫歯になりにくい体質なのです。アルコール依存症の患者さんでも、そのような人はいます。しかし、歯周病に関しては、虫歯にな

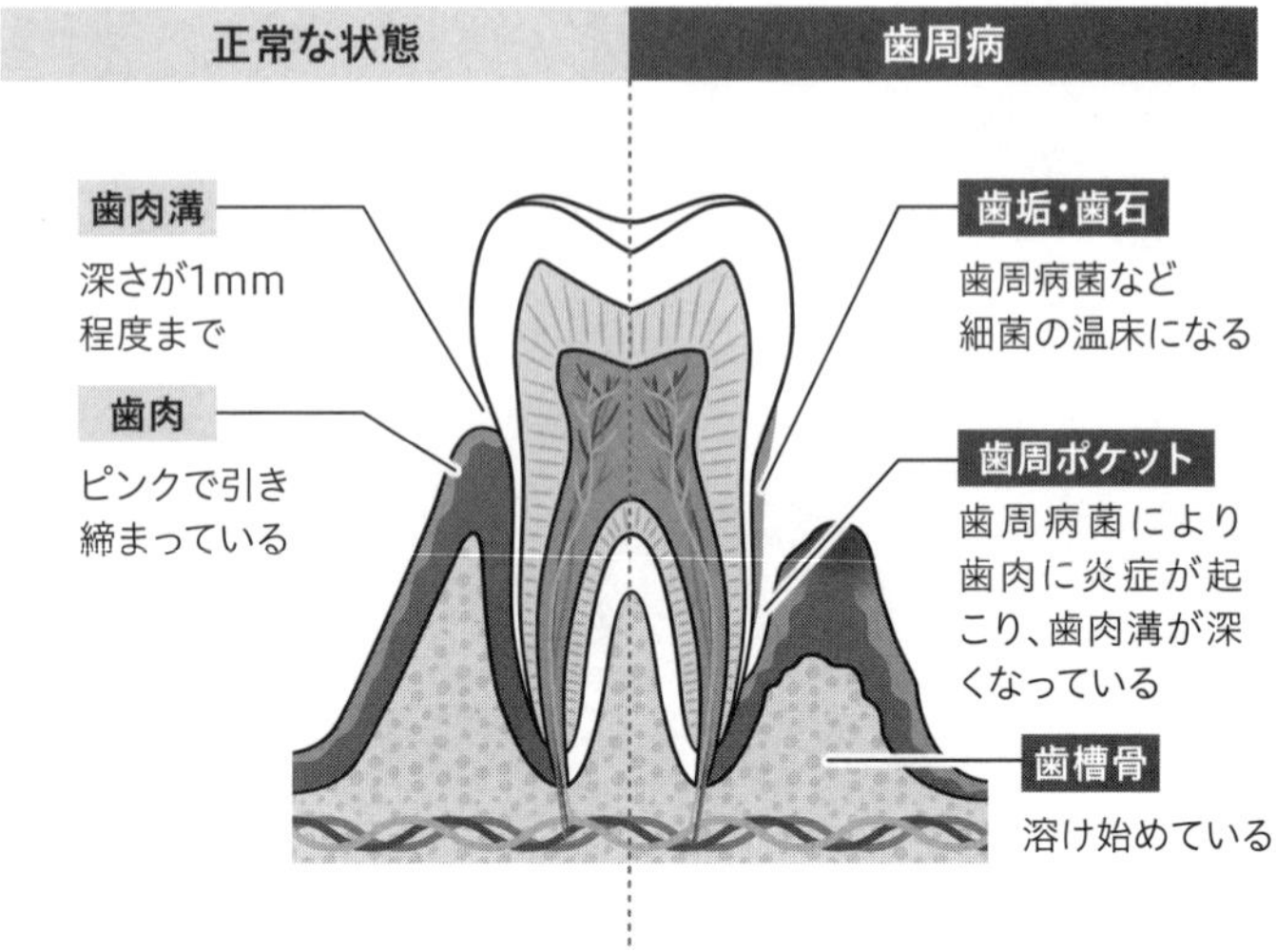

りにくい体質の人でも要注意です。日常的に大量飲酒をしていると、歯周病が原因で歯を欠損してしまうということが少なくありません」（井上氏）

泥酔して、歯も磨かず寝てしまったことがある身としては耳が痛い。改めて、歯周病の恐ろしさを教えてもらおう。

「歯周病は、歯周病菌の感染によって引き起こされる炎症性の感染症です。歯磨きが十分でなかったりすると、口の中の細菌がネバネバした物質を作り出し、歯の表面にくっつきます。これが歯垢（プラーク）で、この中には歯周病菌がたくさん存在しています。歯周病の初期は、歯茎の出血や腫れ、歯茎が下がる、口臭などの症状が見られます。症状が悪化す

ると、歯がグラグラしたり、歯が抜けてしまうこともあります」（井上氏）
歯周病は、特に初期の頃は自覚症状があまりない。そのため、定期的に歯科医院に行くことが大切だという。
「ただ、日常的に大量飲酒をされている方は、歯医者に行くよりも、居酒屋に行って飲むことを選んでしまう傾向がありますよね（笑）。実際、アルコール依存症の患者さんは、虫歯や歯周病が進行しても、よっぽど痛みがなければ歯医者に行かないという方も少なくありません」（井上氏）
これを聞いて、歯が欠損した酒豪たちの映像が頭に浮かんできた。井上氏によると、「定期的に歯科医院を訪れようという意識があるうちは大丈夫」とのこと。筆者も早速、歯科医院に歯のクリーニングの予約を入れた。
「歯垢は、数日経つと石灰化して歯石へと変わってしまいます。すると、通常の歯ブラシによる歯磨きでは取れなくなるため、歯科医院で取り除いてもらわなければなりません。歯石も歯周病につながるやっかいなものなので、これを取ってもらうためにも定期的に歯医者さんに行きましょう」（井上氏）

甘い酒による歯へのダメージが大きい

ここまでの話で、アルコールの脱水作用による唾液の減少や、泥酔によって磨き残しが多くなることなどが口腔環境を悪化させることが分かった。

酒飲みとしてもう1つ気になるのは、「酒の種類によって、口腔環境への影響は変わるのか？」ということである。素人の考えでは、ワインやレモンサワーのように酸度が高い酒が、歯のエナメル質に影響を与えるのではないかと疑ってしまう。

「酸度の高いお酒よりも、歯垢のもととなる**糖分がたっぷり入ったお酒**のほうが口腔環境、特に虫歯にとってはダメージが大きいと言えます。大げさなことを言えば、そうしたお酒を飲んでいる数時間は、砂糖が口の中にずっとあるような状態なのですから。私がかつて診ていた患者さんでは、とても甘いお酒をケース買いしていましたが、虫歯だらけでした」（井上氏）

昨今、コンビニの棚には甘いカクテル系の酒がずらっと並んでいるが、それを好んで飲む人は要注意だ。しかし、それ以上に井上氏が「あれは毒」と言う酒がある。

「アルコール度数が９％もあるストロング系のチューハイは、口腔環境はもちろん、体にとっても大きな負担になります。５００mLのロング缶1本で、純アルコールにして36ｇですから、日本酒約2合分に相当するような量です。甘くて口当たりがいいので、飲み過ぎてしまう危険性もあります」（井上氏）

コロナ禍では、家で酒を飲む量が増え、値段が安くて入手しやすいことから、ストロング系を好んで飲むようになった人も少なくない。ましてや箱買いをしている人は、より注意が必要だ。糖により虫歯のリスクが上がるだけでなく、気がついたら脱水状態になって、口腔環境が悪化してしまう。

厚生労働省が「健康に配慮した飲酒に関するガイドライン」を発表して以降、一部のメーカーでは健康へのリスクを考慮して、ストロング系の商品を今後発売しないという方針を明らかにしたりしている。これはいい流れだろう。

昨今は、無糖のチューハイも増えてきた。口内環境が気になるなら、そちらを試してみてはどうだろう。

飲み屋の「爪楊枝」に注意

久里浜医療センター
歯科医長
井上裕之

歯周病の影響は体全体へ

日常的な大量飲酒は口内環境を悪化させ、虫歯や歯周病を招きやすい。

久里浜医療センター歯科医長の井上裕之氏によると、アルコールによる脱水作用が口内環境を悪化させやすく、また酔っ払うと歯磨きが不十分になることなどが原因だと考えられるという。また、糖分たっぷりの酒も歯に悪影響を及ぼしてしまう。

筆者の周囲の大酒飲みを思い浮かべてみると、口腔環境が悪い人が相等な数いて、歯周病から歯を失っている人も少なくない。改めて自分の酒の飲み方を考え直さねばと思った。

さらに恐ろしいことに、「**歯周病**の影響は、口腔環境だけではなく全身に至る」と井上氏は言う。自分は虫歯になりやすいと思っていたため、虫歯の対策については気を付けていたが、歯周病の対策が十分かどうか不安になってきた。

歯周病が口腔環境だけでなく、体全体に影響を及ぼすというのは、いったいどういうことなのだろうか。

「歯周病は、**『歯周病菌』**の感染によって引き起こされる炎症性の感染症です。昨今の研究によって、歯周病菌は、口内環境だけでなく全身に影響を及ぼし、**心筋梗塞、脳梗塞、糖尿病、そして認知症**といった病気にも密接に関わっていることが明らかになってきました」（井上氏）

歯周病によって歯を失う危険性があるだけでなく、心筋梗塞や糖尿病のリスクにもつながるなんて……。歯周病菌は、どうやって体に悪さをするのだろうか。

「歯周病によって歯肉が傷つくと、歯周ポケット内がただれた状態になり、毛細血管がむきだしになります。これによって、血管を通して歯周病菌が全身へと回ってしまいます。また、歯周病菌は血液の成分であるたんぱく質や鉄分を好むため、血管内に定着しやすいのです。歯周病菌を食事の際などに飲み込み、それによって全身へ菌が回ってしまうルートもあります」（井上氏）

目に見えない歯周病菌が、気づかないうちに血管を通して全身に回り、命に関わる重篤な病気のリスクも上がってしまうなんて、考えただけでも恐ろしい。

「特に注意しなくてはならないのは、糖尿病です。歯周病があると体内に炎症物質が増え、インスリンの効きが悪くなることで、血糖値が下がりにくくなります。逆に、糖尿病があると血管がもろくなって歯肉が傷みやすくなり、歯周病が進みやすくなる傾向があります。つまり、糖尿病と歯周病はお互いに悪影響を及ぼしてしまうのです」（井上氏）

酒好きの人は、不摂生から血糖値が高めになってしまうことも多いので注意が必要だ。

本当に怖い「オーラルフレイル」

井上氏はまた、「歯周病によって歯を失うと、将来のフレイル（虚弱）につながる恐れがあります」と話す。フレイルとは、加齢とともに筋力や認知機能などが低下した、いわば健康な状態と要介護の状態の中間だ。

「歯を失うと、咀嚼《そしゃく》する機能が落ち、それが食事量の減少と体重の減少につながることがあります。この状態を『**オーラルフレイル**』と呼びます。オーラルフレイルになって体重が減少すると、次第に筋力も低下していきます。筋力が低下すると身体機能が低下し、転倒しやすくなり、最悪の場合は寝たきりになることも。また、オーラルフレイルによって

咀嚼や嚥下の機能が落ちると、誤嚥性肺炎も引き起こしやすくなります」（井上氏）
これはもう、「負のサイクル」としか言いようがない。なるべくなら歯周病で歯を失わないよう、対策をとりたいものだ。

つまみに噛み応えのあるエイヒレやスルメを

それでは、どのような酒の飲み方をすれば、歯周病のリスクを下げることができるのか、井上氏にアドバイスを聞いた。
「まず、お酒を飲む際には、水分をしっかりととることです。アルコールには利尿作用があり、それによって体が脱水状態になってしまいます。口腔内の唾液が少なくなり、喉が渇き、口の中がネバネバになった経験がある人は多いでしょう。これを防ぐには、アルコールによって失われていく水分を補えばいいのです。一般に、ビールを1L飲むと、1・2Lの水分が体外へ排出されるといわれています。お酒と同量、またはそれ以上の水分を一緒にとるようにするといいでしょう」（井上氏）
日本酒の業界でも、日本酒と一緒に水を飲むことを以前から勧めている。確かに水分をきちんととっていると、少し深酒しても、翌朝に不快な口の渇きがほぼない気がする。「酒と一緒に水を飲むなんて邪道」などと言わず、口腔環境のためにも水分をとるようにしよう。

「水を飲むことに加え、おつまみを食べながらお酒を飲むのも大切です。食物をきちんと噛むことで、唾液が出やすくなるからです。何も食べずにお酒ばかりを飲んでいると、物を噛まないことに加え、アルコールによる脱水作用によって、唾液が分泌されにくくなり、口腔内がさらに渇いてしまいます」（井上氏）

唾液は口腔内を清潔に保つのに欠かせないもの。サラサラの唾液の分泌を促すためにも、つまみを一緒に食べることが大事なのだ。

「すきっ腹だと、つい飲み過ぎてしまうこともあります。つまみを食べながらお酒を飲むことで、体への負担が軽くなります。口腔環境はもちろん、体のためにもつまみとともに飲むよう心がけましょう」（井上氏）

すきっ腹で流し込むビールの爽快感といったらないのだが、そこは歯周病予防のためにもグッと我慢……ということか。

おつまみには、噛み応えのある**エイヒレやスルメ、鶏のもも肉、牛の赤身肉**などがお勧め。また、唾液の分泌を促す酢の物も良さそうだ。

3カ月に一度は歯医者へ行く

さて、飲み方に加え、気になるのは普段のケアだ。歯磨きが十分でなかったりすると、口の中の細菌がネバネバした物質を作り出し、歯の表面にくっつく「**歯垢**（**プラーク**）」ができると聞いた。歯垢の中には歯周病菌がたくさん存在しているという。歯周病対策としては、何より毎日の歯磨きが重要になる。

しかし、歯垢は数日経つと石灰化して「**歯石**」へと変わる。すると、通常の歯磨きでは取れなくなるため、歯科医院で取り除いてもらわなければならない。そのため、定期的に歯科医院に通うことが大切なのだ。

「歯石が一番たまりやすいのは、下の前歯です。歯を磨いた後、鏡でチェックし、歯石がついてきたなと思ったら、歯医者へ行くようにしましょう。また、歯茎が腫れたり、出血したりしたら歯医者へ行くという方もいますが、そういった自覚症状を感じる前に歯科医院を受診するほうがベターです」（井上氏）

歯周病の初期は、歯茎の出血や腫れ、歯茎が下がる、口臭などの症状が見られる。そうした症状に気づいてから受診するよりも、「**3カ月に一度**」のように定期的に受診したほうが、歯周病対策としては良いという。

「定期的に歯医者に来れば、虫歯があっても早い段階から治療を始めることが可能です。また、銀歯やセラミックなどの詰め物をしている人は、こちらも定期的に診てもらうようにしましょう。天然の歯に比べ、人工物は固く、すり減り方に差があるため、噛み合わせに問題が生じることがあります。また、時間が経つと詰め物が緩んでしまうこともあるので注意が必要です」（井上氏）

爪楊枝で歯肉が傷つき、歯茎が下がる

ケアといえば、毎日の歯磨きについては筆者も頑張っているつもりだ。ＡＩ搭載の電動歯ブラシに加え、水流で歯間を洗い、さらにはデンタルフロスや歯間ブラシでケアをしているのだが……。

「それは頑張りすぎです（笑）。基本としては、歯茎と歯の境目をきれいに磨くことが大

切です。加齢によって歯と歯の間があいてくるので、歯間ブラシはもちろん効果的ですが、やりすぎると隙間が広がってしまい、食べ物のカスが挟まりやすくなります。それがかえって虫歯や歯周病の原因になるので、やりすぎは禁物です」（井上氏）

ショック！　「毎食しっかりケアしているから安心」と思っていたが、やりすぎだった可能性もあるとは。歯科医院では歯の磨き方も教えてくれるとのことなので、この際きちんと習うことにしよう。

「あと注意してほしいのが、**爪楊枝の使い過ぎ**です。居酒屋でよく目にするのが、爪楊枝を2つに折って、その先端で歯茎をギューギュー押している年配の男性がいますよね。これは歯茎にとって非常によくない。歯肉が傷つき、歯茎が下がってしまいます。酔っていると力の加減も分からなくなって、血が出るまでやってしまう人もいると思います。これはすぐにやめてください」（井上氏）

これを聞いて、ドキッとした人も少なくないのではないだろうか？　しかし歯の間に挟まったカスを取るための爪楊枝が、逆効果になりうることがあるとは、これも初耳。歯や歯茎は、もっと丁寧に扱ってやらないといけないようだ。

マラソンで痛風になる？

東京女子医科大学
学長
山中寿

痛風の原因はビールだけではない

中年以降の酒好きに多いのが、「**痛風**」だ。

筆者の周囲の酒好きにも、結構な確率で痛風を抱えている人がいる。それでも皆、懲りずに、尿酸値を下げる薬を飲みながら、酒を飲んでいる。

昔から「ビールは痛風に良くない」と言われてきた。痛風を予防するために、ビールは控えめにしているという人も多いだろう。そして、痛風と言えば、失礼ながら、お腹の出たメタボ気味な男性がなるイメージがある。

ところが、ここにきて耳を疑うようなことを聞いた。それは「**マラソンを走ったら痛風デビューしてしまった**」ということだ。彼はメタボとは程遠いスリムな体形。ランニングは、東京マラソンに出場するくらいハードに行っているという。そんな彼が痛風の発作に

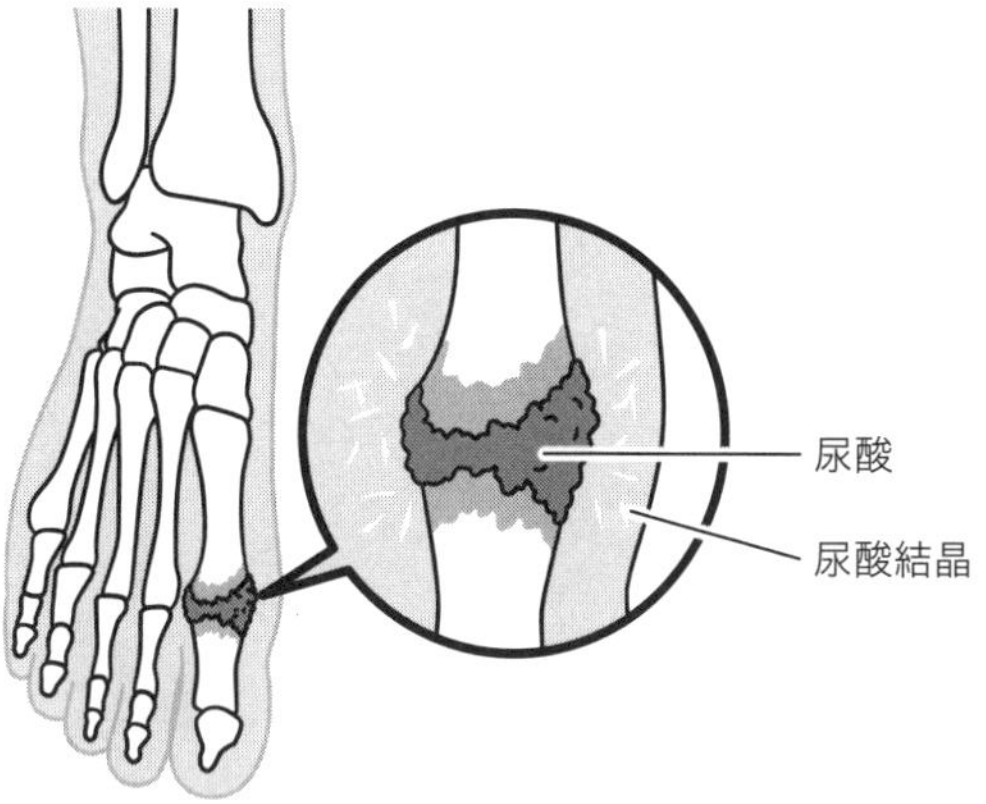

痛風の9割以上が足に起きる

襲われたと聞いて、かなり驚いた。

酒好きにはおなじみの痛風にも、まだ知らない一面があるのかもしれない。多くの痛風持ちの酒飲みのためにも、ここで痛風の知識をアップデートしておかねばならない。痛風・高尿酸血症に詳しい、東京女子医科大学の学長である山中寿氏に教えてもらおう。

まず、痛風とはどのような症状を指すのだろうか。

「急性関節炎の代表格、それが痛風です。正式には痛風関節炎といい、**患者は98%が男性**だと言われています。ある日突然、多くは足の親指あたりの関節に急に痛みが起こり、赤く腫れ上がります。それは、とても激しい痛みで、数日から1週間で症状は治まります。

その後はしばらくの間、無症状ですが、そのままにしておくと、年に一度くらい症状が出るようになってしまいます」（山中氏）

最初の発作は、足の親指の付け根が最も多く、くるぶしやかかと、足の甲などを含め、9割以上が足に起こる。これは、足が冷えやすいこと、そして物理的な刺激を受けやすいことと関係しているという。

治療せず放置しておくと、痛風の発作が慢性的なものへと移行することもある。「発作が出るスパンが、年に一度から半年に一度になり、それから3カ月、1カ月という具合に、だんだんと短くなり、頻度が増えていくのも特徴の1つです」（山中氏）

尿酸ナトリウムの結晶が痛みを引き起こす

激しい痛みが、予告もなく起こるなんて恐怖でしかない……。しかも、放置すれば発作が頻繁に起こるようになるかもしれないなんて。

ではいったい、どのようなメカニズムによって、痛風は起こるのだろうか？

「関節の中に**尿酸**が過剰にたまるのが痛風のメカニズムです。尿酸の血中濃度である尿酸値が長い間7・0mg／dLより高い高尿酸血症の方に、痛風の症状は表れやすい傾向があります。尿酸は、新陳代謝の過程で生じるプリン体から生成される老廃物で、いわば〝エネルギーの燃えカス〟。尿酸は誰でも持っていて、ある程度の量は体に必要なものです」（山中氏）

「通常、体内では尿酸は一定量に保たれ、多くなると尿中へと排出される。しかし何らかの原因で体内の尿酸値が高くなると、血液中に尿酸が余り、血液に溶けにくい尿酸は、やがて体内のナトリウムと結合して結晶化する。「この尿酸ナトリウムの結晶こそが、痛風特有の痛みの根源なのです」（山中氏）

女性は、血中の尿酸の濃度が男性に比べて低く、痛風になりにくい。これは、女性ホルモンのエストロゲンに、尿酸の排泄を高める働きがあるためだ。そのため、閉経後は、エストロゲンが減り、尿酸値が上がって痛風の患者も増えてくる。

尿酸ナトリウム結晶の顕微鏡写真を見ると、先端が針のように尖っていて、いかにも痛そう。こんな結晶が関節の中にあったら、それはもう痛いだろうということが容易に想像できる。

遺伝要因が強いことが分かってきた

それではなぜ、尿酸値は上がってしまうのだろう？　いくつかの原因を山中氏に教えてもらった。

「遺伝要因と環境要因の2つがありますが、痛風の場合は**遺伝要因**の影響が非常に強いことが分かってきました。家族や親戚に痛風歴があると、痛風を起こしやすいといわれています。すでにいくつかの病因遺伝子が分かっており、中でも尿酸トランスポーター遺伝子『ABCG2』が主要な病因遺伝子であることが判明しています。この遺伝子に変異があると、腎機能が低下し、それによって尿酸を尿中へ排出する働きも低下してしまうのです」（山中氏）

痛風の患者の8割は、ABCG2に変異があると考えられているそうだ。そして、遺伝要因と並んで関わってくるのが、環境要因である。

「もともと、痛風は生活習慣病の側面が強いと言われています。環境要因には大きく5つありますが、まず**メタボ**。内臓脂肪の増加に伴って尿酸値は上昇し、減量して内臓脂肪が減れば尿酸値は下がる傾向にあります。そして、2つ目は、**プリン体**の多い食物をたくさ

プリン体が極めて多い食品（100g当たり・300mg以上）	
鶏レバー	312.2mg
まいわし（干物）	305.7mg
いさき白子	305.5mg
たら白子	559.8mg
あんこう肝酒蒸し	399.2mg
太刀魚	385.4mg

プリン体が多い食品（100g当たり・200〜300mg程度）	
豚レバー	284.8mg
牛レバー	219.8mg
かつお	211.4mg
まいわし	210.4mg
大正えび	273.2mg
まあじ（干物）	245.8mg
さんま（干物）	208.8mg

出典：「高尿酸血症・痛風の治療ガイドライン第3版」

ん摂取することです」（山中氏）

プリン体と言えば、レバーや白子などに多いイメージがある。「高尿酸血症・痛風の治療ガイドライン第３版」によると、魚の干物にも多いことが分かる。

「プリン体は、遺伝子を構成する核酸の材料です。細胞のＤＮＡやＲＮＡの半分はプリン体からできています。つまり、細胞をたくさん含む食材ほど、プリン体を多く含むことになります。干物だって、乾燥して細胞がぎゅっと詰まっていますよね」（山中氏）

例えば、いくらとたらこであれば、粒が小さく細胞の数が多いたらこのほうがプリン体の量は多くなる。さらに言えば、目で細胞を見ることができないレバーのほうが、もっと

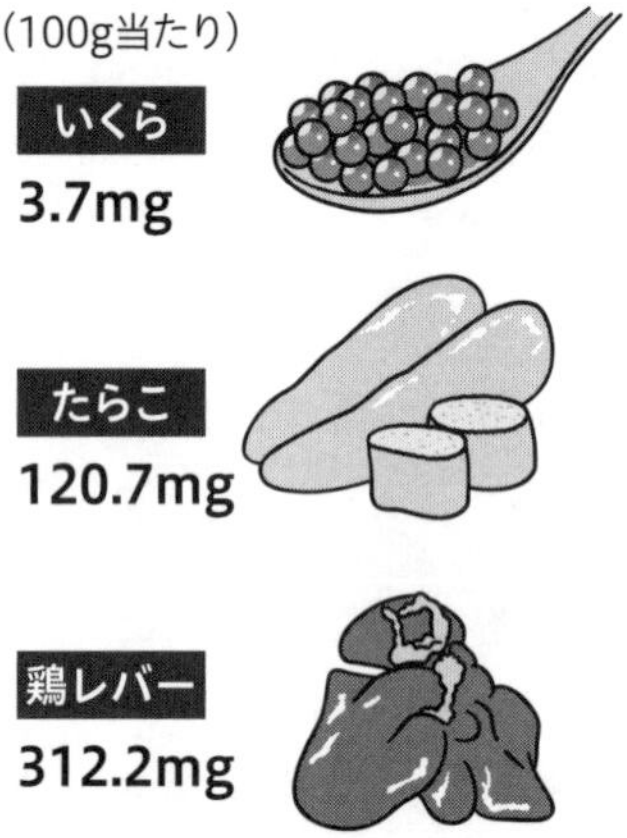

食品に含まれる「細胞」の数が多いほど
プリン体は多くなる。

出典:「高尿酸血症・痛風の治療ガイドライン第3版」

多いというわけだ。

ちなみに、きな粉は100g当たり170mgほどプリン体を含んでいて、意外と含有量が多い。ただ、冷静に考えれば、「きな粉を一度に100g食べるなんて現実ではあまりありませんよね。含有量を見るときは単位に注意が必要です」(山中氏)

また、山中氏によると「コレステロールの多いものと、プリン体の多いものが混同されている傾向もある」という。イメージだけで食べ物を選ばないほうがいいのだ。

例えば、コレステロールの多い食品といえば、卵(鶏卵)がある。しかし、卵は、細胞の数でいえば「1個」だけ。つまり、卵のプリン体含有量はほぼゼロなのだ。

激しい運動や脱水も痛風のリスクに

さて、プリン体というとビールのイメージがあるが、やはり酒も痛風の原因になるのか、ここで確認をしておきたい。

「はい、環境要因の3つ目は、**アルコール**です。お酒で痛風というと、ビールを思い浮かべる方が多いと思いますが、尿酸値を上げるのはお酒に含まれるプリン体だけではありません。アルコールそのものにも尿酸値を上げる作用があるのです。居酒屋で『飲むんだったら、ビールよりプリン体ゼロの焼酎がいいんだよ』と言っている方を見かけますが、医師にしてみれば『アルコールだったら、どれも注意しなきゃ』と言いたくなります」（山中氏）

尿酸値の高い酒好きにとっては、耳が痛い指摘である。「アルコールそのものが尿酸値に関係している」となると、逃げようがない。

「アルコールは体内のエネルギー源となる物質ATP（アデノシン三リン酸）の分解を促進します。ATPが分解されるとプリン体が増え、最終的に尿酸として体内に蓄積してしまうのです。お酒のつまみとして、イワシや白子、あん肝、レバーなどプリン体が多いものを食べる人もいますよね。また、環境要因の4つ目は**脱水**なのですが、アルコールにも脱水

作用があります」（山中氏）

脱水になると、体内で尿酸の濃度が高まり、痛風のリスクが高くなる。アルコールの作用に加え、脱水も加わるとなると、痛風持ちにとっては命取りと言えよう。日本酒造組合中央会も推奨しているように、酒を飲む際はそれと同量、またはそれ以上の水を一緒に飲むのが正解のようだ。

「そして、環境要因の5つ目は、**激しい運動**です。意外と知られていませんが、激しい運動をすると、一時的に尿酸値が上がります。これは運動の際にＡＴＰが使われ、その分解によって尿酸が生成されるからです。つまり運動量が多いほど、尿酸値が上がりやすいということになります。特に筋トレなどの無酸素運動は短時間でＡＴＰが使われるので、度を越えた運動は禁物です」（山中氏）

運動というと健康的で、メタボを予防する代表格のように思っていたが、度が過ぎると尿酸値を上げることになってしまうとは。そういえば冒頭で述べた彼の場合も、フルマラソン後に痛風の発作が起きたという。何事においてもさじ加減が大事なようだ。

ちなみに、腎機能が低下すると、尿酸を体外に排出しにくくなるので、尿酸値を上げる原因につながるという。

尿酸値を下げる5つの鉄則

東京女子医科大学学長
山中寿

痛風の体は「損益赤字の会社」と同じ

痛風の原因はビールだけではない。ビール以外の酒を飲んでも、尿酸値が上がり、痛風につながる。そして、マラソンをはじめとする激しい運動を行うことでも、痛風の発作が出ることがある。

痛風の主因といえば、「プリン体の多いビールと魚卵」だけと思い込んでいたので、体にいいと信じて疑わなかった運動が痛風のトリガーになり得るという話はかなり驚いた。

酒好きであれば、できることなら、いや、絶対に痛風の発作は起こしたくない。では痛風を予防するには、どうしたらいいのだろう？　一度、痛風が起きてしまった場合でも、次の発作を予防するためにできることはないだろうか。

痛風・高尿酸血症に詳しい、東京女子医科大学の学長である山中寿氏はこう説明する。

「私はよく痛風を会社の経営に例えるのですが、痛風はまさに会社で言うところの損益の赤字です。尿酸値の基準値は7・0mg／dLですが、これが会社経営の損益分岐点にあたります。この数値を超えているのに放置していると、やがてどうにもならなくなり、痛風の症状が表れます。会社の場合も、赤字を放置して、長くなればなるほど損害が出ますよね。痛風の場合もまさに同じです。会社で赤字が出たら、なるべくすぐ、銀行から融資を得たり、収支を見直したりするなどの経営努力をするように、痛風もまた、発作を事前に抑えるための努力が必要なのです」（山中氏）

山中氏の的確な例えに深くうなずいてしまった。体にとって〝赤字〟ともいえる痛風の発作は、努力して予防するしかないのだ。

痛風の原因には、遺伝要因と環境要因がある。遺伝要因は仕方のないところもあるが、環境要因については予防が可能であるはず。「痛風を予防する方法は、大きく5つあります」と山中氏。そして次の5項目を挙げてくれた。

1．酒量を減らす

2．水分の摂取

3．軽い運動
4．適正体重の維持
5．ストレス解消

「まず、酒好きの皆さんには耳が痛いかもしれませんが、第一に実践していただきたいのが**『酒量を減らす』**ことです。痛風にとってはプリン体の多いビールだけが悪いのではなく、アルコールそのものが原因となります。アルコールは体内でエネルギー源となるＡＴＰの分解を促進します。ＡＴＰが分解されるとプリン体が増え、最終的に尿酸として体内に蓄積してしまうのです」（山中氏）

なんとも悲しいことに、やはり重要なのは飲む量を減らすことのようだ。それでは、どれぐらいまで減らせばいいのだろうか。

「一般的に、適量とは純アルコールに換算して20ｇと言われていますが、実際には個人差があるので一概には言えません。今よりも酒量を減らし、休肝日を設けるよう努めましょう」（山中氏）

ビールを避けて、プリン体の少ない焼酎のような蒸留酒ならいくら飲んでもいいというわけではない。アルコールそのものが原因になるのだから、少なくとも今より酒量を減らすことが良策なのだ。痛風持ちで再発を防ぎたいと思うなら、なおさらだ。

水分をとり、軽い運動を

そして予防の2つ目は「**水分の摂取**」だ。

「体内の水分量が減り、脱水になると尿酸の血中濃度が高まります。フルマラソンなどの激しい運動によって痛風の発作が出るのは、大量の発汗による脱水も背景にあると考えられます。ですから、きちんと水分を摂取して脱水を防ぐことが大切です。水分の摂取を増やせば、その分、尿量が増えて、体外への尿酸の排出量も自然と増えます。できたら1日に2Lは飲んでほしいですね」(山中氏)

水分の摂取は、酒を飲む際にも心がけたいところ。なぜなら、アルコールには利尿作用があり、脱水のリスクが高まるからだ。

3つ目は「**軽い運動**」だ。

「運動といってもフルマラソンのような激しいものではなく、ウォーキング、ジョギング、水泳、自転車といった、軽めで、長い時間続けられる有酸素運動がお勧めです。きつい筋トレなどの無酸素運動は、積極的には勧めません。フルマラソンもそうですが、体に負担が大きい激しい運動は、ＡＴＰの分解を進めて、尿酸値を上げてしまうからです」（山中氏）

激しい運動ほど体にも良く、ダイエットにもつながると思っていたので、これは本当に意外だった。だが、ウォーキングなどのゆるめの運動のほうがいいという情報は、年齢を重ねた酒好きや、運動慣れしていない酒好きにとっては朗報である。

山中氏によると、「運動中の心拍数が１２０以下になるよう心がけるのがポイント。これを超えると無酸素運動になる傾向がある」とのこと。また「普段、運動をしていない人ほど心拍数が上がりやすい」という。

最近はスマートウォッチをしている人も多いので、運動する際はこまめに心拍数をチェックするのもいいだろう。

毎日体重計に乗る

４つ目は、山中氏が最も強く推す予防策である「**適正体重の維持**」だ。

「痛風の経験があったり、尿酸値が高い高尿酸血症の方の多くは、メタボに該当しています。メタボの方は、基本的に食べ過ぎ。30代でもメタボで痛風を抱えている人は少なくありません。欲望のままに食べて飲めば、必ず体に支障が出ます。過食を是正して、摂取エネルギー（カロリー）を適正化し、適正体重を維持することで、内臓脂肪も減り、メタボは大幅に解消されます。また過食を防ぐことで自然とプリン体の摂取量も減るので、尿酸値が上がりにくくなるのです」（山中氏）

適正体重の維持にあたっては、279ページで紹介した「プリン体の多い食品」のとり過ぎにも注意しよう。レバーや白子のほか、魚の干物にもプリン体は多い。

山中氏は「とにかく、毎日体重計に乗る習慣をつけることが大事」と話す。筆者も今でこそ毎朝体重計に乗っているが、かつては食べ過ぎた翌朝はできたら体重計に乗りたくないと思っていた。しかしそれでは体重は減らない。

「食べ過ぎた翌朝、体重計に乗りたくない気持ちはよく分かります。しかし、そういうときこそきちんと体重を測り、『これはまずい』と思うことが大切なのです。それが1日中、頭の片隅に残り、さらなる食べ過ぎや飲み過ぎを抑制できるのです。体重計に乗らずに体重を減らすことはできません。企業でいえば、財務表を見ないで赤字をなくそうと言っているようなものですからね。本気で体重を落としたいと思うなら、体重を測り、さらにグラフをつけてみてください。体重が減っていく様子が可視化されると、それがモチベーションとなって、ダイエットを成功へと導いてくれます」（山中氏）

確かに、筆者も体重計が壊れたのをいいことに、半年以上、体重計に乗らなかったら、あっという間に8kg太ったことがある。

また、筆者の夫もダイエットすると言いながら、体重計に一切乗っていなかった。しかし、健康診断で数値を突きつけられ、体重計に乗るようになってから、体重が減ってきた。やはり現実を直視することは大事なのだ。

「痛風をはじめ、生活習慣病は『首から上が加害者で、首から下が被害者だ』と私は思っています。つまり、欲望のままに食べたり飲んだりすることで、体のどこかに不具合が生じる、ということです。痛風を予防するには、意識を変え、自己管理を徹底することが欠かせません」（山中氏）

首から上が加害者！　これは「まさに」である。休みなく働き続けてくれる体をいたわるためにも、体重、摂取エネルギーのコントロールを心がけよう。

暴飲暴食、激しい筋トレ、サウナはNG

最後の5つ目は、「**ストレス解消**」だ。

「痛風になりやすい人は、ストレスの解消法をそもそも間違えている可能性があります。例えば、何かストレスがあるときに、たくさん飲んだり食べたりして解消しようとしていませんか？　または、ジムに行って、あえてきつい筋トレをしたり、サウナに入って汗をかいたり。それから仕上げはビールと焼肉でウサをはらす、なんて方も。これらはすべて尿酸値を上げる行動です」（山中氏）

山中氏によると、「これは精神的ストレスを、肉体的ストレスに置き換えているだけ」とのこと。「こうした行動で心は軽くなるかもしれませんが、肉体は痛めつけられ、さらなるストレスを感じてしまうのです」（山中氏）

確かに、暴飲暴食や、筋トレやサウナでストレスを解消しようとすると、痛風のリスクは高まるばかり。山中氏は「ストレスは、音楽を聴いたり、本を読んだり、アロマテラピーを楽しんだり、体を動かさない方法で解消するほうがいい」と付け加えた。

痛風は再発しやすい

　ところで、一度、痛風になってしまうと、完治はしないのだろうか？

「残念ながら完治はしません。痛風の発作が起き、高尿酸血症と診断され、治療がスタートしたら、一生治療が続くことになります。だからこそ、予防が大切なのです。また、メタボ気味で痛風になった人は、血圧やコレステロール値が高い傾向もあり、それゆえ心筋梗塞や脳卒中になるリスクも高い。だからこそ、病院で定期的な検査をし、痛風以外の生活習慣病がないかを洗い出すことも大切です」（山中氏）

「完治はしない」「一生治療」というワードが心に重くのしかかる。酒好きであれば生涯、痛風と付き合っていくのは避けたいところ。しかし、予防をしていても、何らかのきっかけで痛風になってしまうこともあり得る。

　また、高尿酸血症と診断され、その治療をスタートする尿酸値のボーダーラインはどのぐらいなのだろうか？

「尿酸値が7・0mg／dLを超えると、高尿酸血症と診断されます。ただ、7・0mg／dL超でも8・0mg／dL未満の場合は、生活習慣を見直すことで改善が期待できます。先ほど紹介した5つの予防法に取り組んでみてください。薬物治療を開始するのは、尿酸値が9・0mg／dL以上になったときです。9・0mg／dL以上の場合は、その後5年間に40％の人に痛風の発作が起きるといわれています。また、8・0〜8・9mg／dLでも、腎障害、高血圧、糖尿病などの合併症があれば薬物治療の対象になります」（山中氏）

そして、一度でも痛風の発作が起こった人は、再発を防ぐために、尿酸値をしっかり下げ、その状態をキープしなければならない。

「痛風の怖さは再発しやすいところです。そのまま何も対策をとらなければ、年に一度くらい発作が起きるようになってしまいます。痛風の発作が起きたことがある方は、薬の力を借りるなどして、尿酸値6・0mg／dL以下を維持することをお勧めします。最初の痛風の発作は、尿酸値がかなり高くないと起きないのですが、一度でも起きると、今度は6・0mg／dL台でも再発すると言われています」（山中氏）

痛風が起きたあとに何もしないでいると、発作が年に一度、半年に一度、そして3カ月に一度と、頻繁に起きるようになってしまうという。

「私はよく、『痛風発作は神様の鉄槌だと思いなさい』と患者さんに伝えています。今のような生活をしていたらダメだよ、ちょっと考え直しなさいという神様のお告げが、痛風

の発作という形となって現れているのではないか、ということです」（山中氏）

激しい痛みに加え、生涯、治療しなくてはならない。そんな神様のお告げである「痛風」。ありがたくないお告げを聞きたくないと思えば、予防にもさらに身が入るはず。

「胆石」はアルコールと無関係？

校成病院
外科部長
森俊幸

酒好きに胆石は多いように見えるが……

「胃炎かと思ったら**胆石**だった」

50代になったあたりから、周囲の酒飲みたちからこんな声を聞くようになった。つい先日も、1日にワイン1本を空けるような酒豪の男性と、おつまみに唐揚げが欠かせない40代の女性から、胆石が原因で「**胆のう摘出手術**」を受けた話を聞いたばかりだ。

筆者は幸いにも胆石とは無縁だが、胆石の発作は「脂汗をかくほどの猛烈な上腹部の痛み」と聞くだけで怖くなる。

しかも、胆のう摘出手術を受けた2人の共通点は「無類の酒好き」。彼らだけではない。周囲を見渡すと、結構な数の酒飲みが胆石持ちで、「薬で散らしているから大丈夫」と言う人も少なくないのだ。

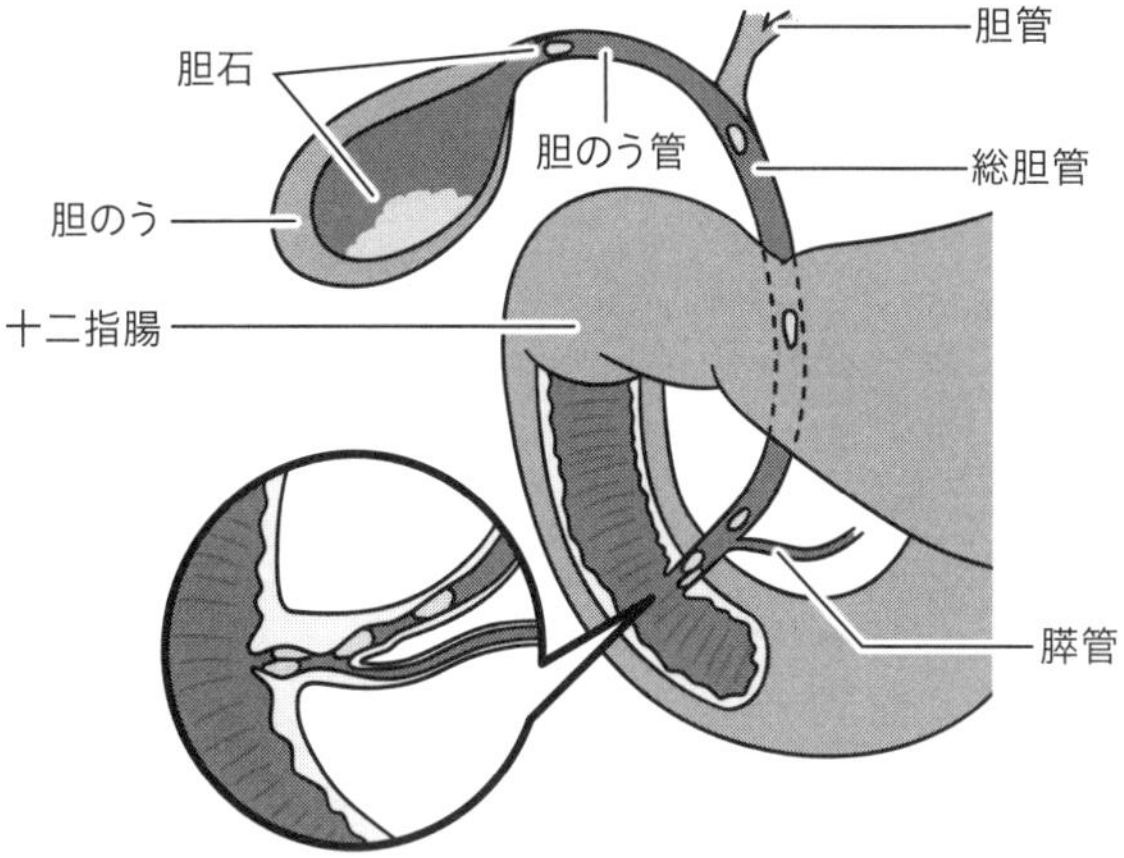

総胆管に詰まった胆石が胆汁の流れをせき止め、炎症や、細菌感染、黄疸を引き起こす

しかし、健康が気になる50代ともなれば、軽視はできない。「もしかしたら、酒が胆石の原因になるのではないか？」と疑ってしまう。

胆石持ちの酒飲みのためにも、酒と胆石の関係をしっかりクリアにしておきたい。杏林大学客員教授で、佼成病院の外科部長を務め、胆管外科を専門とする森俊幸氏に聞いてみよう。

そもそも、胆石とはどういったものなのだろう？

「肝臓で作られる消化液である『**胆汁**』を一時的にためる袋である『**胆のう**』や、胆汁が流れる道である『**胆道**』でできた石（結石）のことを『胆石』といいます。胆石は胆汁に

含まれる成分が凝縮されて結晶化し、固まったものです。胆石のうち、約8割が胆のうでできたものですね」（森氏）

胆汁は、胆のうに蓄えられているうちに濃縮する。胃で消化された食べ物が十二指腸に入ると、胆のうが収縮し、胆汁が胆管を通って十二指腸に分泌され、脂肪分の分解を助ける。

「胆石ができる仕組みには、胆汁が深く関わっています。胆汁にはコレステロールや、黄色っぽい色素であるビリルビンが含まれています。これらは水に溶けにくい成分なので、通常は水に溶けやすい成分である胆汁酸と結合し、胆汁の中に溶けていますが、何らかの原因で胆汁酸と結合せず、結晶として固まってしまうと胆石になります」（森氏）

それでは、なぜ胆石によって猛烈な痛みが起きるのだろうか？

「痛みを伴う発作が起きるのは、胆のうが収縮する際に、胆道の狭い場所に石がひっかかった場合です。胆のう内で圧力が高くなると、脂汗が出るような激しい痛みがみぞおちあたりに起きます。胆汁の成分が胆のうや胆管を傷つけたり、そこに細菌の感染が加わることで炎症が起きます。また、胆汁に含まれるビリルビンが十二指腸に排出されず、血液中に流れ出ることで皮膚が黄色くなる『**黄疸**』の症状が出ることもあります」（森氏）

胆石にはさまざまな色がある

実は、胆石を持っているものの痛みが出ない人もいるのだという。

「胆石を持っているのは、日本の全人口（成人）の12％程度、約8人に1人だといわれています。しかし、そのうち約3人に2人は症状がありません。たまたま人間ドックの腹部超音波（エコー）検査で胆石が見つかることも少なくないのです。痛みがなければ治療の必要はなく、放置してもかまいません」（森氏）

ただ、一度でも胆石の発作が起きると、1年以内に57％、2年後に80％の確率で再発するという。何と恐ろしい……。

先ほど紹介した胆のう摘出手術をした酒豪2人は、どちらとも胆石の発作があったという。彼らの話を聞くと、摘出した胆石の色がそれぞれ微妙に違っていた。胆石に種類はあるのだろうか。

「胆石の種類は大きく2つに分けられます。1つは、胆汁のコレステロールが増え過ぎてできる『**コレステロール胆石**』で、主に黄白色をしています。もう1つは、色素のビリルビンがカルシウムとともに固まった『**ビリルビン胆石**』で、茶色、または黒っぽい色をしています。これは、胆汁の流れが悪かったり、胆道に細菌感染があるとできます。現在、日本人の胆石は、食の欧米化が進んだ影響で、圧倒的にコレステロール胆石が多くなっています」（森氏）

ほぼコレステロールだけでできる胆石は白に近くなるが、ビリルビンが2割程度含まれる「混合石」になると茶褐色になるという。また、コレステロールとビリルビンが時間をたがえそれぞれ層を成して固まった「混成石」もある。

胆石にこんなに種類があるとは、恥ずかしながら全く知らなかった。しかし、気になるのが「コレステロール」という言葉。やはりコレステロールの多い酒のつまみが胆石の原因になっているのでは……？

「かつては、コレステロールが多い卵や筋子を食べると血中や胆汁のコレステロールが増えるといわれていましたが、そうではないことが分かってきました。というのも、体内のコレステロールのうち、食事由来なのは3分の1程度で、残りの3分の2は体内で合成されているのです。そのため、コレステロールの多い食品をとっても、胆汁内のコレステロール濃度はそれほど影響を受けないのです」（森氏）

卵や筋子を食べてもあまり影響を受けないというのはうれしいが、別の食品がトリガーとなってコレステロール胆石のリスクを上げるという。
「それは、**でんぷん質を多く含む即席めん**です。そのため、白に近いコレステロール胆石を別名『**カップラーメン胆石**』などと呼んだりします。でんぷん質を過剰に摂取すると、詳しいメカニズムは分かっていないのですが、血液中のコレステロール値が下がり、肝臓で『コレステロールを作りなさい』というスイッチが入ります。肝臓で生成されたコレステロールは血液だけでなく胆汁にも流れ込み、その結果として、胆汁内のコレステロール濃度が上がり、胆石ができやすくなるのです」(森氏)
でんぷん質について説明しておこう。食物に含まれる「炭水化物」のうち、食物繊維を除いたものを「糖質」といい、糖質はさらに、ブドウ糖や果糖などの「糖類」と、糖類以外の糖質に分けられる。
この糖類以外の糖質のほとんどが「でんぷん質」であり、糖類がたくさんくっついて鎖状になったものだ。ちなみに、即席めんに使われるでんぷん質は、さつまいもなどを原材料として作られる。

アルコールは直接的な原因ではない

即席めんばかり食べるような偏った食事をしているとコレステロール胆石ができやすくなることが分かった。ほかに胆石ができやすくなる原因はあるのだろうか。

「1つは、ダイエットなどで**食事の回数が極端に少なくなる**こと。胆のうは食事をするときに収縮し、ためられた胆汁を分泌します。しかし、食べ物が入ってこないと胆のうが収縮する回数が減り、胆のう内に胆汁が長くとどまることで、コレステロール胆石ができやすくなります。もう1つは経口避妊薬（ピル）です。薬に含まれる女性ホルモン（エストロゲン）が、胆汁内のコレステロールを増やし、胆石を誘引すると考えられています。ほかにも、肥満や加齢なども関係しています」（森氏）

それでは、胆石ができやすいのはどのような人だろうか。

「昔は、胆石ができやすい人の条件として、Ｆａｔｔｙ（肥満）、Ｆｏｒｔｙ（40代）、Ｆｅｍａｌｅ（女性）、Ｆｅｃｕｎｄ（多産）、Ｆａｉｒ（白人）の頭文字を取って『５Ｆ』などといわれていました。幾分、語呂合わせのようなものですが。現在の日本では、男性の罹患率が高くなっています。特に60代以降の男性に多い傾向にあります」（森氏）

「なるほど」と深くうなずきつつ、ふと肝心なことに気づく。それは、胆石になりやすい人の特徴として、「酒をよく飲む」が入っていないことだ。

「アルコールは、胆石の直接的な原因にはなりません。ただし、お酒の飲み過ぎ、おつまみの食べ過ぎによる肥満や、脂肪肝によって、胆汁内のコレステロールが増え、胆石を引き起こすこともあります。また、お酒を飲んだ翌日、ひどい二日酔いになって食事をとらない人がいますが、それも胆石を招く可能性があります。食事をとらないことで、胆のうの収縮回数が減ってしまうからです」（森氏）

なるほど。酒は直接の原因にはならないが、間接的な原因になる可能性はあるようだ。言われてみると、胆のう摘出手術をした2人は、やや肥満気味。締めに食べたラーメンの写真をSNSによく上げていた。

胆石の予防にいいおつまみがあると最高なのだが……。

「米国の女性看護師およそ8万人を20年間追跡した疫学研究『Nurses' Health Study』では、ピーナッツやアーモンドなどをよく食べる女性には、ひどい胆石症に罹患する人が少ないという報告（＊5）があります。ナッツに含まれる良質な脂が、胆のうの収縮を促すためと考えられます。ただ、胆石に限らず、『これを食べれば病気を予防できる』という

食材はありません。バランスのいい食事を心がけましょう」(森氏)

酒飲みは栄養バランスよりも、ついつい「酒に合うもの」を優先して選んでしまう傾向にある。肝に銘じておかなければ。

胆のう摘出手術が必要なことも

それでは、胆石ができて発作が起きてしまった場合は、どのような治療を受けることになるのだろう?

「軽症であれば、ウルソデオキシコール酸をはじめとする、コレステロール胆石を溶解する薬を飲む薬物療法があります。しかし、度重なる胆石発作を起こしたり、胆のう内に胆石がびっしり詰まっていたり、その影響で胆のう壁が厚くなっていたりする場合は、胆のう摘出手術をお勧めします。胆のうを手術で取っても日常生活に大きな問題はなく、ときどきお腹がゆるくなるくらいです。手術の入院は2~3日と短期で済みます」(森氏)

胆のうを摘出しても、日常生活であまり問題はないとは驚きだ。胆汁は、肝臓から直接、総胆管を通って十二指腸に届くようになる。

森氏によると、「胆のうを手術で取ると、その後は胆管が少し太くなる」という。まさに人体の不思議である（※）。

そういえば、胆のう摘出手術をした知人の男性は「胆のうを取ったら、飲んでも胃もたれをしなくなった」と話していた。

「胆のう内で胆汁の圧力が上がると、胃酸が逆流する症状があり、それが胃もたれや胸焼けにつながります。症状の根源となる胆のうを摘出すると、胃酸の逆流も緩和するというわけです。また、**逆流性食道炎**と診断された方で、薬を飲んでも症状が改善しない場合に、実は胆石が原因だったということも少なくありません」（森氏）

逆流性食道炎もまた、酒飲みには定番の疾患。「薬が効かない」と思ったら、胆石を疑ったほうがいいようだ。

では、「胆のうがん」と胆石の関係はどうなのだろう？

「残念ながら、胆のうがんと胆石との関係はまだ分かっていません。胆石を放置すると胆のうがんになるというわけではありません。しかし、胆のうがんの患者に胆石が多いという事実はあります。また、世界中で胆のうを摘出した人を調べたデータの中に、『インシデンタル（偶然の）胆のうがん』というものがあります。これは、胆石と診断され、手術

※胆のうを摘出した後にも、まれに総胆管の中で結石ができ、拡張をきたすことがある

で胆のうを摘出し、術後に病理検査で調べたら、胆のうがんだったという方が1～2％いたというものです。こうしたことを考えると、胆のうがんと胆石に全く関係がないとは言えないかもしれません」（森氏）

すでに胆石と診断され、胆のうがんが気になる人は、「2年に1回程度、腫瘍マーカーと超音波の検査をお勧めします」と森氏。胆石持ちはもちろん、心当たりのある方は一考したほうが良さそうだ。

第8章

読むと怖くなる⁉
病気と酒の話

怖い膵臓がん

JA尾道総合病院
副院長
花田敬士

50代で亡くなることも

このところ「**膵《すい》臓がん**」で亡くなる方が多いと感じている。

映画プロデューサーの叶井俊太郎さんは56歳、直木賞作家の山本文緒さんは58歳、そして、つい先だっても55歳の女性ファッション誌の有能な元編集者が膵臓がんでこの世を去られた。いずれも50代という若さだった。また、膵臓がんに罹患したことを公表し、闘病の様子をメディアで語る著名人もいる。

大げさかもしれないが、ネットのニュースでほぼ毎日のように「膵臓がん」という文字を目にしているような気がする。いや、単なる思い込みではない。実は筆者の周囲でも膵臓がんは増えており、闘病の末、亡くなった方もいる。

病気の初期にはほぼ症状が出ず、「サイレントキラー」とも言われる膵臓がん。胃がんや大腸がんとは異なり、「発見が非常に難しく、自覚症状が出たときには進行してしまっている」という印象が強く、誰もが恐れている。

特に酒好きは怖くてたまらないだろう。なぜなら、膵臓がんの罹患リスク要因として、アルコールが挙がっているからだ。では、どうしてアルコールは膵臓がんのリスクを上げてしまうのだろうか？

「**尾道方式**」と呼ばれる膵臓がんの早期発見プロジェクトを立ち上げ、5年生存率を大きく改善させたJA尾道総合病院副院長の花田敬士氏に聞いた。

「膵臓がん」という文字をニュースなどでよく目にするが、実際に膵臓がんは増えているのだろうか。

「残念ながら、膵臓がんに罹患する方は増えています。私が医師になったのは30年以上前ですが、部位別に見たがんの死亡者数で膵臓はワースト10に入っていませんでした。しかし、最近は上位に食い込んできていて、肺がん、大腸がんに次ぐ第3位です」（花田氏）

国立がん研究センターの「がんの統計2023」によると、2019年に新たに膵臓がんと診断された方が4万3865人。2021年に膵臓がんで亡くなった方は3万8579人だった。そして、死亡者数を男女別に見ると、膵臓がんは男性では第4位、女性では第3位になる。なんと、女性は乳がんよりも多いのだ。
データによる事実を突きつけられ、背筋が凍るような気がした。膵臓がんが増えていると感じてはいたが、死亡者数がそんなに多いとは……。

ほとんどのがんは「膵管」にできる

ところで、「早期発見が難しい」と言われる膵臓がんだが、そもそも膵臓は私たちの体のどのあたりにあるのだろう？

「大まかに言うと、膵臓はみぞおちとへその間、胃の裏側に横たわるように位置しています。個人差はありますが、重さは70～100g程度です。大きく3つの部位に分かれていて、十二指腸につながっている部分を『**膵頭部**』、脾《ひ》臓に接している部分を『**膵尾部**』、この2つの間の中央部分を『**膵体部**』と呼びます。そして、膵臓の内部には、膵液の通り道である『膵管』がまるで葉脈のように走っています」（花田氏）

膵臓は意外と小さいということを、恥ずかしながら初めて知った。片手に乗りそうな小さな臓器だが、「体の中では非常に重要な役割を担っている」と花田氏は言う。

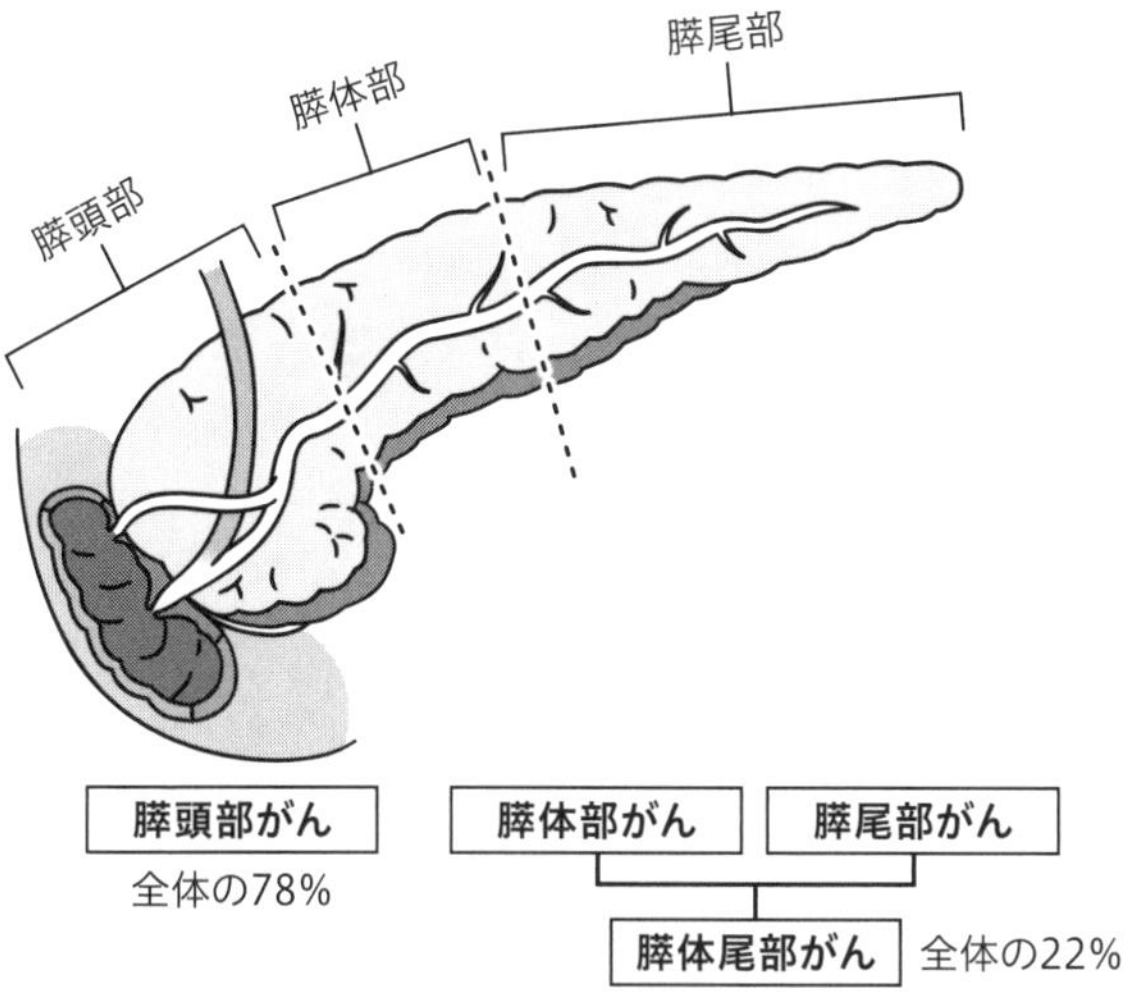

「膵臓には2つの重要な機能があります。1つは**外分泌機能**、もう1つは**内分泌機能**です。外分泌機能とは、膵液という消化液を生成し、それを十二指腸に送り出す働きです。膵液は糖を分解するアミラーゼ、たんぱく質を分解するトリプシン、脂肪を分解するリパーゼなどの消化酵素が含まれています。また内分泌機能は、ホルモンを生成し、血液中に送り出す働きをします。代表的なホルモンは血糖値を下げるインスリン、血糖値を上げるグルカゴン、またインスリンやグルカゴンのホルモンの分泌を抑制するソマトスタチンなどがあります」(花田氏)

花田氏によると、外分泌機能が落ちると消化不良になって下痢を繰り返し、内分泌機能が落ちると血糖値のコントロールが難しくなったりするという。

膵臓がんに罹患すると、糖尿病になりやすい、下痢を繰り返すといった話を耳にしていたが、これらの機能が関係していたのか。膵臓は小さいながらも、重要な臓器だということがよく分かった。

では私たちが恐れてやまない膵臓がんは、膵臓のどの部分に発症するのだろう？

「膵臓がんにはいくつかの種類がありますが、その9割が膵液の通り道である膵管の上皮細胞に発生します。これを**『膵管がん』**と呼びます。そのほかには、比較的まれなものとして、内分泌細胞から発症する**『内分泌細胞がん』**、腺房細胞から発症する**『腺房細胞がん』**もあり、これらを総称して膵臓がんと呼びます」（花田氏）

一口に膵臓がんと言っても、がんが発生する部位によって呼び名が変わるということだ。

症状が出ても膵臓の問題だと気づきにくい

膵臓がんは一般的に、初期症状がなく、何かしらの症状が出たときには、すでにかなり進行している、と言われている。その症状について、より具体的に聞いてみた。

「典型的な症状として現れるのが、**お腹や背中の痛み**です。食事をして1時間ほどすると、消化のために膵液が分泌されます。するとそのタイミングで、左の脇腹や背中に鈍い痛みが走ります。左側が痛むのは、膵臓が背中のほうに回り込むように位置しているからです。痛みの原因は、がんによって膵管が狭くなっている状態で膵液が膵管を通ると内圧が上がるためです。背中が痛むと、骨や筋肉の痛みと勘違いして整形外科を受診する人も意外と多くいます。また、がんが膵臓周辺の神経を巻き込むことで腹痛が起こることもあり、胃腸科を受診する人もいます」（花田氏）

整形外科や胃腸科を受診して検査しても、「異常なし」と言われることがほとんどだという。筆者の知人の父親もこれと全く同じパターンで、整形外科でもらった湿布薬で痛みをごまかしているうち、膵臓がんの発見が遅れてしまった。

また、先ほども述べたように、下痢や軟便に悩まされることもある。

「がんによって膵臓の機能が落ちると、膵液の分泌量が減り、消化吸収がうまくできなくなります。そのため、食べたものがほぼそのままの形で出てしまうような状態になってしまうのです」（花田氏）

こんな症状が自身に現れたら、胃腸の問題を疑う人がほとんどではないだろうか？　それだけ膵臓という臓器はなじみが薄いかもしれない。筆者のように腰痛持ちなら、背中が痛くなったら整形外科へ真っ先に行くように思う。膵臓がんの発見が遅れる理由が分かったような気がする。

酒を飲むと膵液の分泌量が倍に

初期症状がほとんどなく、発見が遅れることが多いのはとても怖いが、膵臓がんが「怖い」と言われるのはほかにも理由がある。

「まず検査が難しいというのが挙げられます。膵臓は胃の裏に隠れるように位置しているため、腹部エコー（超音波）検査で膵臓全体がはっきりと確認できないことがよくあります。膵臓がんの早期発見と呼べるのは2㎝以下の場合ですが、この大きさで見つけるのはなかなか難しい。また、膵管には『筋層』がないため、がんが数㎜の大きさでもほかの臓器へ転移してしまう場合があります。さらに、抗がん剤が効きにくく、再発の確率も高い……。こうしたことから、膵臓がんは怖いと言われているのです」（花田氏）

聞けば聞くほど、怖くなる膵臓がんだが、ここで世の酒飲みのためにマストでしなければならない質問がある。それは「アルコールが膵臓がんの原因になるのは事実なのか？」ということだ。

「はい、飲酒は膵臓がんの危険因子の1つです。**アルコールは膵液の分泌を促す**作用があり、膵液は通常1日に1Lほど分泌されますが、お酒を多く飲むとそれが2Lほどに増えます。膵臓にとってそれはムダな仕事、つまり〝空打ち〟になってしまうんです。膵臓がんの9割は膵管に発生するとお話ししましたが、この空打ちが膵管の内側の上皮細胞にダメージを与え、がんを作り出す原因の1つになっている可能性があります」（花田氏）

やはり事実だったのか。そして、膵臓がんができるメカニズムについて、花田氏はこう語る。

「膵液が多く分泌され、膵管の内側にダメージが発生すると、そこにある上皮細胞は修復を試みます。これが繰り返されると、細胞の修復の際にエラーが起こり、それががん化へとつながると考えられています。こうしたメカニズムからも分かるように、膵液の分泌を促すアルコールは大きなリスク要因になり得るのです。また、アルコールが原因で急性膵炎になった人も要注意。急性膵炎を繰り返して慢性膵炎に移行すると、膵臓がんのリスクは10倍以上（＊1）にも上がります」（花田氏）

アジア人の膵臓は「軽自動車のエンジン」

花田氏によると、特に我々日本人を含むアジア人種は「気を付けたほうがいい」と言う。それにはこんな理由がある。

「そもそもアジア人は、欧米の人に比べ、**膵臓が小さい**のです。サイズが小さければ、それだけ膵臓の〝余力〟も小さいと言えます。車に例えるなら、アジア人の膵臓は660ccの軽自動車のエンジン、欧米人の膵臓は3000cc超えの馬力のある外車のエンジンといったところ。馬力のない小さな膵臓を、お酒を飲んで空打ち仕事で酷使させてしまったらどうなるか、容易に想像がつきますよね」（花田氏）

膵臓の〝余力〟にそんなに差があるなんて！　これまで酷使し続けた我が膵臓が、ちょっとかわいそうになる。ちなみに、人種の差だけでなく、同じ日本人でも、人によって膵臓のサイズはそれぞれ異なり、それによって余力も違うという。また、膵管の太さにも個人差があり、膵管が細い人のほうが、アルコールによるダメージを受けやすい可能性があるそうだ。

ところで、膵臓をいたわるためには、どれくらいなら酒を飲んでもいいのだろうか。

「1日に純アルコール換算で24～50g以上のお酒を飲んでいる人は、飲まない人と比べ慢性膵炎になるリスクが1・1～1・3倍になるというデータがあります。慢性膵炎になってしまうと膵臓がんになるリスクがグッと上がるので、この飲酒量が1つの目安になるかもしれません。ただ、先ほどもお話ししたように人によって膵臓の〝余力〟が違いますので、少しの飲酒でも膵臓に悪影響がある人もいるでしょう。やはり膵臓をいたわるためには、できるだけ飲む量を減らすのが賢明だと言えます」（花田氏）

なお、アルコールと同様に、脂っこい料理も膵液の分泌を促す傾向がある。膵臓をいたわるには、脂っこい料理も同様に控えめにしたほうがいいという。

膵臓をいたわるためには、食事で脂質を控えめにするのが鉄則だ。だが、慢性膵炎になり、膵臓の機能が衰えてくると、少し事情が変わってくるという。

「慢性膵炎の患者さんが脂質を制限し過ぎると、栄養障害を起こして体重が減り過ぎる危険があります。最近の治療では、消化酵素薬を服用しつつ食事では脂質をある程度摂取して、栄養障害を防ぎながら炎症をコントロールする方針をとる場合が多くなっています」（花田氏）

栄養障害を起こして体重が減り過ぎると、寿命が縮みかねない。「脂質がよくないと聞いて、食事から徹底的に脂質を排除する患者さんがいるのですが、ガリガリにやせてかえって危険なのです」と花田氏は言う。

膵臓の疾患と言えば、とにかく脂質を減らすことが大切だと思っていたが、知識をアップデートしたほうが良さそうだ。

酒が原因の不整脈

心臓血管研究所
名誉所長
山下武志

アップルウォッチが告げた異常

先日のことだ。夫婦で日本酒を飲みながら食事をしている最中、夫のアップルウォッチがブルブルと震えた。何事かと確認してみたら、「**心拍数が異常**」という表示。アルコールにあまり強くない夫の顔はすでに赤く、本人に大丈夫か問うと「ちょっと動悸がする」とのことで、早々にノンアルコール飲料に変えた。その後、アップルウォッチからのアラームはなく、食事は終わった。

この一件を機に、酒は心臓の病気のリスクを高めるのではないか、と不安に思うようになった。私の周囲の酒飲みにも、**不整脈**を抱えている方がいる。最近では、俳優の中尾彬さんが心不全で急逝された。彼は焼酎をプロデュースするほど酒が好きだったと聞いている。

不整脈を抱える母親を持つ筆者としても、いつか飲んでいる最中に自分のアップルウォッチのアラームが鳴るのではないかと、正直気が気ではない。

ただ、かつて「酒は百薬の長」と言われていたのは、ほどほどに飲む分には循環器系（心臓や血管など）に良い影響があり、病気のリスクを下げるからではなかったか。適量をたしなむ分には問題ないのだろうか。

不整脈診療の第一人者であり、心臓血管研究所名誉所長の山下武志氏に聞いてみた。

不整脈や心不全をはじめとする心臓の病気に対して、アルコールはどのようなメカニズムで影響を与えるだろうか？

「アルコールが循環器系の病気に与える影響については、１９８０年代からさまざまな研究がなされてきましたが、現時点において詳細なメカニズムは明らかになっていません。例えば、アルコールに関連した心臓の病気では、大量飲酒が原因で起こるとされるアルコール性心筋症が最も有名です。この病気では、心筋細胞内のミトコンドリアでの代謝に必要なビタミンB_1の欠乏が起きるのですが、**アルコールがどのようにしてそのような事態を引き起こすのか分かっていない**のです」（山下氏）

なんと、メカニズムがいまだ解明されていなかったとは……。それにはこんな理由があるようだ。
「一口に飲酒の影響といっても、アルコールそのものだけでなく、その代謝物であるアセトアルデヒドや、一緒に食事として摂取した糖分や塩分も関係しています。また、お酒はほかの人と一緒に飲むことも多く、そうなると社会活動的な要素も絡んできて、それらが呼吸、心拍、消化吸収などをコントロールする自律神経に影響を及ぼします。つまり、考慮しなければならない要素が多くて、非常に複雑なのです。また、マウスを使った動物実験では、一時的に大量飲酒の状態にはできても、毎日のように飲酒した状態にはできません。私も動物実験をやりましたが、マウスはアルコールを毒と認識するのか、飲むのを嫌がってしまうのです」（山下氏）
マウスは毒だと認識するものを人間は喜んで飲んでいるとは……。

酒を飲むとなぜか翌日に血圧が上がる

それでは、一般に酒を飲むと循環器系にはどのようなことが起きるのだろうか。

「アルコールが体内に入ると、自律神経のうち交感神経が活性化し、心拍数が増加します。

一般的に交感神経が優位なときは、血管が収縮して血圧が上がりますが、アルコール（エタノール）に血管を拡張させる効果があるので、飲酒時は血圧が低下するのです。しかし翌日には、まるでその反動が来たかのように血圧が上がります。なぜそうなるのかは具体的には分かっていません」（山下氏）

一瞬、血圧が下がると聞いてぬか喜びをしてしまったが、翌日には血圧が上がってしまうのは恐ろしい。山下氏によると、「アルコールの代謝物であるアセトアルデヒドなどによって交感神経が刺激され、翌日の血圧上昇につながっている可能性はあります」とのこと。アルコールの分解能力が低く、アセトアルデヒドが体内に長く残る人ほどその影響を受けやすいと言える。

山下氏によると、「慢性的に飲む人ほど、血圧の上下動による影響が大きくなってしまう」という。

「飲酒時に血圧が低下し、その反動からの血圧が上昇するのに加えて、おつまみによる塩分摂取が高血圧を招くと考えられます。毎日のようにそうした生活を送って、血圧の大きな上下動を繰り返していたら、動脈硬化のリスクも高くなるでしょう」（山下氏）

少量なら良い影響があるはずだが……

だが、アルコールは循環器系に対し、ポジティブな影響もあるはず。過去の疫学調査では、それが示唆されていた。適量を飲んでいる分には、血流も良くなって、心臓や血管の健康につながったりしないのだろうか。

「確かに、そのような疫学調査の結果は国内外ともにあります。全くお酒を飲まない人に比べて、1日平均で純アルコール換算10～20g程度を飲む人は循環器系の病気のリスクが低いというものです。ただそれは、適量を守ってお酒を飲むライフスタイルが定着している人だからこそ、病気のリスクが低いという面もあるのではないかと個人的には思っています」（山下氏）

純アルコール換算で20gに相当する量は、ビール中瓶1本、日本酒1合、ワインなら1～2杯だ。その程度で飲むのをちゃんとやめられるような人は、自分の健康に気を使っている人なのかもしれない。

「適量を飲めば循環器系に良い影響があるからといって、お酒に弱い人が無理に飲む必要はありません。アセトアルデヒドには発がん性があり、さまざまながんの原因につながります。また、少量の飲酒でも高血圧のリスクになると言われています。健康のことを考えると、『酒は百薬の長』というより、なるべくなら飲まないほうがいいと言わざるを得ません」（山下氏）

高血圧は少しの飲酒でもリスクが上がる

そういえば、厚生労働省が公開した「健康に配慮した飲酒に関するガイドライン」でも、「少しでも飲酒すると高血圧のリスクが上がると考えられる」とあった。筆者の周囲の酒飲みにも、高血圧の薬を服用している人が相当数いる。

「高血圧は決して軽視できない病態です。心不全になった人の3～5割は〝**高血圧の成れの果て**〟だと言われています。心不全とは、心臓の機能が低下し、血液を十分に送り出せない状態を指します。動悸や息切れなどの症状が出ますが、こうした症状が回復することはあっても、心不全自体が治ることはなく、急激に悪化する恐れがあるのが怖いところです。80歳以上の高齢者に多いものの、予防するためには40～50代からの血圧管理が大切です」（山下氏）

〝高血圧の成れの果て〟とは何ともキャッチーな言葉だが、命に関わるだけに感心などしていられない。また、慢性的に多量飲酒をしている人は、その食生活から肥満になっているケースも多いが、肥満もまた血圧の上昇を促進させてしまう。酒のつまみにも注意しなければならないのだ。

休日に飲み過ぎて起きる心房細動

不整脈については、アルコールの影響はどうなのだろう。

「不整脈とは、脈がゆっくりになったり、速くなったり、または不規則になる状態のこと。飲酒により引き起こされる不整脈は、『ホリデー・ハート・シンドローム』と呼ばれています。週末や休暇のときにお酒をたくさん飲んで、動悸や息切れ、胸の痛みなどの症状が起きたりするからです。そのような不整脈の多くが、電気信号の乱れから心臓の心房が小刻みに収縮する**心房細動**が原因であることが分かっています」（山下氏）

心房がプルプルと小刻みに収縮すること自体、命に関わるわけではない。だがそのときに心臓の中で血液がよどんで血栓ができ、それが脳の血管に詰まって脳梗塞が起きるリス

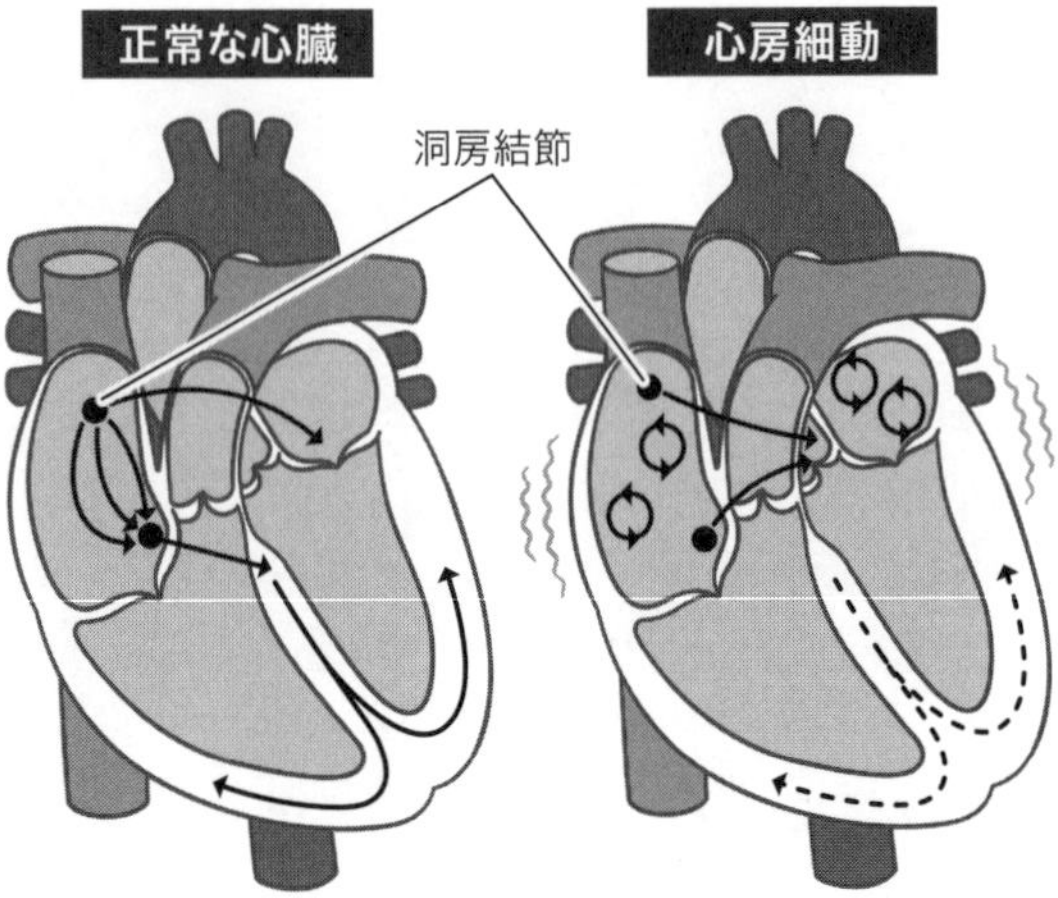

正常な心臓では、洞房結節で発生した電気信号によって心臓の収縮が調整されている。ところが心房細動では、電気信号に乱れが生じて、心房がプルプルと小刻みに震えてしまう

クが大きく高まるのだという。

「40～50代でお酒をよく飲む方は、心房細動にも気を付けなければなりません。実は、アップルウォッチの心拍数モニター機能で心房細動を検出することが可能です。不規則な心拍数が検出されたら、アップルウォッチを使って簡易的な心電図をとれば、それが病院での診断や治療に活用できるのです」（山下氏）

話を伺って、早速アップルウォッチの心電図機能を試してみたところ、「今回の心電図には心房細動の兆候は見られません」と出た。ただし、心房細動が起きているときに心電図をとらない

と意味がないので、普段から心拍数モニター機能で異常がないかウォッチするといいのだろう（※）。

体重を管理すれば高血圧も予防できる

ここまでの話を整理してみよう。

現段階においてアルコールが循環器系の病気を引き起こす詳細なメカニズムは明確にはなっていない。しかし、飲酒によって血圧の上下動が引き起こされるほか、アルコール性心筋症などの病気の直接的な原因になることが分かっている。心臓が小刻みに震える心房細動も誘発する。また、おつまみからの過剰な塩分摂取によって、高血圧や動脈硬化などのリスクが上がり、間接的に心不全を引き起こす恐れもある。

疫学的には、1日当たり純アルコール換算で10〜20g程度の飲酒なら、循環器系の病気のリスクは下がると言われている。だが、高血圧に関しては、少量の飲酒でもリスクが上がることが分かっている。

だからといって、酒をやめたくないと思うのが酒好きというものだ。心臓の病気は心配

※心房細動の診断には医師による検査・判断が必要なので、疑わしいときは専門医を受診すること

だが、それでも飲み続けるためには、生活習慣において気を付けたほうがいいことはないのだろうか。

「第一に考えられることは、毎日の体重と血圧の管理です。飲み会などが続いて体重が増えたなと思ったら、2～3日はお酒とカロリーを控えるようにしましょう。体重が1kg減ると血圧が1㎜Hg下がると言われています。上の血圧（収縮期血圧）で120㎜Hg前後をキープするのが理想です。先に述べたように、〝高血圧の成れの果て〟が心不全なのですから、働き盛りで飲む機会が多い40～50代のうちから血圧管理をするといいでしょう」（山下氏）

山下氏は体重の管理について、「朝、体重を測ると、その数値が脳にインプットされ、食事に気を使うようになる」と話す。

私事で恐縮だが、これについては経験上、よく分かる。ある知人は体重計を家に置かない生活をしていたが、数年ぶりに受けた健康診断で大幅な体重増加と、中性脂肪・血圧の上昇が判明。体重計を購入し、毎日乗るようにしたところ、3カ月で4kgやせた。

血圧も同じことが言える。家庭用の血圧計で毎朝測定すれば、食事での塩分摂取について注意するようになるはずだ。

「塩分摂取過多になると、血液中の塩分濃度が高まり、それを一定に保とうとして血管内に水分を増やそうとします。血液量が増えることで、血圧の上昇につながるのです。WHO（世界保健機関）は、塩分摂取を1日に6g、日本の厚生労働省は1日に8gを推奨していますが、薄味だと食事の楽しみがなくなってしまうと思うので、せめて1日10g以下を目標に減塩するようにしましょう」（山下氏）

塩分の多いつまみを好む酒好きにとって、減塩は修行に近いが、健康維持のためにも致し方ない。昨今では電気の力で減塩食の塩味を増強させるスプーンやお椀が開発されたという。そうしたアイテムが登場するほど、現代食の塩分は濃いめなのだ。

山下氏はまた、「運動も有効な予防法の1つ」と言う。

「患者さんには、息が上がるくらいの運動を30分、週に2回ほど行い、それに加えて1日8000歩を目標にしましょう、と伝えています。高血圧患者がこれを3カ月ほど続ければ、上の血圧が10㎜Hg下がることも期待できます」（山下氏）

運動習慣のない人にとってはハードルが高いと思うかもしれないが、継続することが大切。運動を生活に取り入れるよう心がけたい。

「2018年に医学雑誌『Lancet』に、アルコールは少量でも病気のリスクを上げるという内容の論文が発表されました。しかし、お酒好きの人にとって、毒だからお酒を飲まないというのは現実的ではありませんよね。あくまで私見ですが、体重と血圧を管理していれば、それほどお酒は悪いものではないと思います。休肝日を設けつつ、1週間単位で酒量を上手にコントロールするようにしましょう」（山下氏）

酒飲みにとっては何ともありがたいお言葉を最後にいただくことができた。生活習慣を整え、自分の体をセルフモニタリングしながら、長く酒を楽しみたいものだ。

アルコール依存症のなりかけ

久里浜医療センター
副院長
木村充

あっという間に進行していく

「家飲みをやめたんだよね」

先日、酒豪でならした知人の男性から、耳を疑うような言葉を聞いた。理由を聞くと、コロナ禍のリモートワークで酒量が激増し、それに伴って体重が増加。さらには中性脂肪が基準値をはるかに超える数値になってしまったため、家飲みをやめたのだという。

このところ、彼のように減酒している人は珍しくない。新型コロナウイルス感染症の流行が落ち着き、久しぶりに飲み仲間と居酒屋に集って飲むと、「あ〜、お酒飲むの久しぶり」と言う人が結構いる。

かく言う筆者もそうだ。コロナ禍で「**アルコール依存症**」になりかけたように感じ、逆流性食道炎と診断されたことを機に、家飲みをほぼやめた。そのおかげか、現在は胃の内視鏡検査でも逆流性食道炎を指摘されなくなった。

酒に関わる仕事をしている筆者としては複雑だが、減酒している人は日本に限ったことではなく、世界的に見ても増加傾向にあるという。

「酒量を減らしたい」という思いの根底には、「このまま飲み続けていると、アルコール依存症になるのではないか？」という恐怖感がある気がしている。

とはいうものの、多くの人はそもそもアルコール依存症とはどのような状態で、どのような人がなりやすく、そしてどのような治療をするのか、よく知らないのではないだろうか？

そこで、国立の医療機関として初めてアルコール専門病棟を設置したことで知られる久里浜医療センターの副院長の木村充氏に聞いてみた。

ストレスの多かったコロナ禍では、アルコール依存症の患者は増えていたのだろうか？

「実は、当時、アルコール関連の外来のある病院にアンケートをとったところ、初診の患者さんが『増えている』と答えたところよりも、『減っている』と答えたところのほうが多かったのです。コロナ禍での『受診控え』がその原因ではないかと思われます」（木村氏）

なんと、てっきり患者数が増えたかと思ったら……。しかし、木村氏も、「かと言って、依存症をはじめとするアルコールの問題が減っているわけではなく、診察をしている感触では、コロナ禍で自宅での酒量が増えてしまった方というのは確実にいるように思います」と話す。

コロナ禍では、不要不急の外出は控えるよう言われ、また病院に来ると感染してしまう心配もあったので、さまざまな診療科で「受診控え」があった。ひょっとしたら、「自分はアルコール依存症かもしれない」という不安を抱えていたものの受診しなかった人も多くいたかもしれない。

ところで、アルコール依存症の診断基準はどのようなものなのだろうか。

「日本で現在、主に使われている診断基準は、WHOの『ICD-10』と呼ばれるものです。以下のような6つの項目があり、このうち3つ以上に当てはまると依存症だと診断されます」（木村氏）

多くの場合、お酒を日常的に飲んでいるうちに、アルコールに対する耐性ができ、徐々に量が増え、次第に飲酒をコントロールできなくなり、アルコール依存症になっていくと

アルコール依存症の診断基準「ICD-10」

以下の6つの項目のうち3つ以上を、1カ月以上同時に経験するか、繰り返し経験する

①**強迫的な飲酒の欲求**……飲みたいという強い欲求が湧き起こる

②**飲酒に関するコントロールの喪失**……飲酒の開始・終了や酒量をコントロールできない

③**離脱症状**……飲酒を中止したり量を減らしたときに離脱症状(手の震え、発汗、吐き気など)が出る。その症状を和らげるため飲酒する

④**耐性**……同じ量では酔わなくなり、酔うためにより多く飲む

⑤**飲酒中心の生活**……飲んでいる時間が長くなり、それ以外の楽しみが生活の中でなくなっていく

⑥**問題が起きても飲酒がやめられない**……肝臓の障害や抑うつ症状などの問題が起きても飲酒を続ける

WHOは2022年に「ICD-11」を発効しているが、日本での適用時期は未定。ICD-11では、「コントロールの喪失」「飲酒中心の生活」「生理学的特性(離脱症状や耐性など)」という3つの項目に集約され、このうち2つに当てはまると依存症と診断される

いう。つまり、「大酒飲みといわれる方と依存症の方の境界線ははっきりしていないのです。日常的にお酒をたくさん飲んでいた人が、気がつくと依存症になっていて、あっという間に症状が進行していくというイメージです」(木村氏)

気になる人は「減酒外来」へ

ここまで話を聞いて、ヒヤッとした。まさに筆者がそうだったからだ。日々飲んでいるうちに、いつもの量では酔わなくなり、しまいにはウイスキーをストレートで飲まないと満

足できなくなった。あのままいけば、確実にアルコール依存症になっていたと思う。そんな状態だったにもかかわらず、病院には行かなかった。どの段階で受診する判断をしたらいいのか、分からなかったからだ。

「かつては、症状がかなり進んで、肝機能も衰え、仕事ができなくなるなど社会的な影響も大きくなってから受診することがほとんどで、治療としては『**断酒**』が基本でした。しかし最近では、お酒の量を減らすための『**減酒外来**』の開設が増え、そこまで症状が進んでいなくても受診できるようになっています。『飲んだ後に記憶がなくなることがたまにある』とか『健康診断で酒量を減らすように言われた』という理由で来ていただいてもいいのです」（木村氏）

なるほど。筆者も一人で悩まずに、受診すればよかった……。

減酒サポート薬も活用

治療についてはどう変わってきたのだろうか。木村氏の言うように、以前は「断酒」が基本だったように思うのだが。

「かつては、『断酒以外方法はない』という考え方でした。ですから、お酒をやめる決心をしたら病院に来てくださいというスタンスだったわけです。ある意味、スパルタですね。それが今では大幅に変わって、医師とコミュニケーションをとりながら、断酒や減酒など患者さんの希望を聞いて、二人三脚で治療を進めていきます」（木村氏）

治療のスタイルが変わってきたのは、減酒外来が開設されたことが大きいという。木村氏が副院長を務める久里浜医療センターでは、２０１７年に減酒外来が開設された。アルコール依存症の治療で断酒を基本としていると、途中で挫折して再び飲み始めてしまう人が後を絶たなかった。それならば、もっと手前の段階で減酒を目的とする治療を行えば、患者のほうもグッとハードルが下がる。

「減酒外来を受診する方の中には、30～40代の働き盛りの方もたくさんいます。年配の方は、病院に行くことが『自分はアルコール依存症だ』と認めることのように感じられるかもしれませんが、若い方にはそういった抵抗感があまりないかもしれません」（木村氏）

軽度のアルコール依存症の人、あるいは、そこまでいかないがアルコールのとり方に問題がある人が、継続的に減酒外来を受診することで、飲酒量を確実に減少できたケースも多いという。

それでは、減酒外来ではどのような治療を行うのだろうか？

「減酒外来での治療は、自分の現状の酒量を把握することから始まります。医師と患者で相談して、飲まない日を作る、飲むお酒をアルコール度数の低いものに替える、などの目標を決めます。うまくいかないときは、患者さんの希望を聞いて『**セリンクロ**（一般名：ナルメフェン）』などの薬を処方することもあります。セリンクロは減酒をサポートする薬で、お酒を飲む1～2時間前に服用すると、飲酒欲求を低減させる効果があります」（木村氏）

妻に先立たれた男性が危ない

自分の酒量を不安に感じた段階で減酒外来を受診するような人は、大事に至ることはまずないように思う。自分のことを客観的に見ることができているからだ。

では、いったいどんな人がアルコール依存症に陥ってしまうのだろう？

「配偶者を亡くされた方、特に妻に先立たれた男性は、アルコール依存症に陥りやすい傾向にあります。逆の場合は、そうでもありません。一人暮らしの年配の男性は、食事もいい加減になりやすいですし、女性に比べて地域との関わりがあまりないので、孤立しやすいというのも影響しています。また、定年後の男性もアルコール依存症になりやすいと言われています。仕事がなくなり、一日中暇になるとアルコールに手を出しやすくなるからです」（木村氏）

木村氏の話を伺っていると、アルコール依存症には環境やメンタルが深く関わっているように思う。コロナ禍でも孤独感から酒量が増えてしまったり、アルコール依存症の治療を受けていた人が、治療が中断して元の状態に逆戻りしてしまう「**スリップ**」が多かったと聞く。筆者もコロナ禍で家族に会えない孤独感、失職不安からくるストレスが原因で、酒に逃げ場を求めてしまった。

これは、筆者に限ったことではなく、酒を飲む者なら誰にでも起きることなのだ。

増える女性の依存症

琉球病院
副院長
真栄里仁

まずは話をじっくり聞く

飲酒する女性の増加に伴い、女性のアルコール依存症も案の定、増えているという。女性とアルコールの問題に詳しい、琉球病院副院長の真栄里仁氏は、「女性のアルコール依存症は、女性ならではの注意点がある」と指摘する。

「現在、アルコール依存症で治療を受けている女性は増加傾向にあります。その原因を探ってみると、男性とは少々異なり、メンタル関連の疾患や家庭での問題を抱えている人が実に多いのです。摂食障害やうつ病、親やパートナーによるＤＶ、虐待、夫との死別や子どもの自立など、原因は多岐にわたります。そのため、治療法も変わってきます」（真栄里氏）

アルコール依存症は、長期間にわたって酒を大量に飲み続けることによって、アルコールを飲まずにはいられなくなる状態に陥るのが一般的だ。女性の場合は、男性よりも患者の年齢が比較的若いのが特徴だという。また、配偶者の死や子どもの自立といったライフイベントがきっかけとなったり、摂食障害やうつ病といった別の疾患が大きく影響していたりすることもある。

それでは、女性の依存症の治療は、どのような特徴があるのだろうか。

「個人的な治療の経験からすると、アルコール依存症の治療において、女性の場合は、まず話をじっくりと聞く必要があると思います。話を聞いて、その方がいかに大変だったのかを受け止め、共感を示し、フィードバックを言葉できちんと返すことが大切なのです」（真栄里氏）

これを聞いて、深くうなずいてしまった。女性が何かを人に相談する際、良いとか悪いといったジャッジを求めているのではなく、じっくり話を聞いてもらいたいことが多い、とよく言われる。そして、「大変だったね」と共感してもらうことで、往々にしてつらさが半減する。また、言葉できちんとフィードバックをしてもらうことも安心する要因の1つとなるのだろう。

自己効力感を向上させる

「女性でアルコール依存症に陥る方は、自責の念が強い、自己効力感が低い、自分を過小評価しがちといった特徴があります。このような特徴が顕著な方には、断酒や減酒に加え、自己効力感の向上や、『自分なんて生きていても仕方がない』といった認知の偏りを改善するためのアプローチも必要になってきます」（真栄里氏）

自己効力感とは、「自分は何かを達成できると信じられる力」のこと。真栄里氏がアルコール依存症の女性を治療する際には、本人が頑張っていることやできていることをまずは指摘し、「私はできるんだ」という感覚をつかんでもらうようにしているという。

しかし、聞けば聞くほど、酒好きの女性はさまざまなリスクに気を付けなければならないと思う。飲酒量を抑えること以外に、生活面で注意すべきことはあるのだろうか？

「心理的苦痛を抱えることによって、飲酒量が増える傾向のある方もいらっしゃいます。心理的苦痛を和らげるには、社会的なつながりを強化することが有効です。積極的に外に出れば、孤独感が和らぎ、お酒に頼ることも減ってきます。これがアルコールによる心身の害を予防する最良の策だと思っています」（真栄里氏）

孤独感は飲酒量を増やす。これは筆者自身もコロナ禍に身をもって知った。人、そして社会とのつながりを大切にしつつ、適正な飲酒量を守る。女性は男性よりもアルコールの影響を受けやすいからこそ、今よりもさらに飲み方に留意したほうが良さそうだ。

メンタル面の治療

久里浜医療センター
副院長
木村充

代表的な3つの介入法

毎日のように多くの酒を飲む酒飲みであれば、「もしかしたら、自分はアルコール依存症ではないだろうか」と思ったことがあるはず。もちろん、筆者もである。

アルコール依存症の専門治療を行う久里浜医療センター副院長の木村充氏によると、最近は、「**減酒外来**」を設置する病院が増え、多くの30～40代が訪れるという。

そして、現在はアルコール依存症のメンタル面を踏まえた治療が行われる場合が多いという。

「アルコール依存症の治療には、心理・社会的な治療が有効とされています。代表的な介入法は3つ。1つ目は『**認知行動療法**』、2つ目は『**動機付け面接法**』、そして3つ目は『**コーピングスキルトレーニング**』です」（木村氏）

認知行動療法は、アルコール依存症をはじめとする依存症のほか、うつ病やPTSD（心的外傷後ストレス障害）などの治療にも用いられるものだ。アルコール依存症では、自分の飲酒の問題を過小評価したり正当化したりする認知パターンがある。それに気づいて認知を変えることにより飲酒行動を変えることを目標とする。

動機付け面接法は、患者自身が行動変容を起こし、その行動を継続させるためのモチベーションを高めることを目標とする。回復の間にはいくつかステージがあり、そのステージに応じた介入を行う。

そして、ストレスマネジメントの面からも注目なのがコーピングスキルトレーニングだ。コーピングとは、ストレスのある状態に対処する行動のこと。飲酒につながるようなさまざまな状況、例えば酒の上の付き合いや、ストレスの解消などへの対処法をあらかじめ考え、その練習をすることにより、危険な状況での再飲酒を避けることを目標とする。

認知の歪みに気づく

それでは、認知行動療法から聞いていこう。

「ここでいう認知とは、『起こった出来事について、自分がどう解釈するか』を指します。アルコール依存症の方は、多くの場合、アルコールに対する認知の歪みがあるのです」（木村氏）

確かに、依存症と診断されていなくとも、酒飲みはつい、酒を中心に物事を考えたり、自分が飲む口実を無理やり探したりしてしまうので、すでに認知は歪んでいるかもしれない……。

「例えば、『ストレスを解消するためにはお酒が必要だ』とか、『お酒がないと人付き合いができない』と思っている人は少なくないでしょう。しかし、これらが強い思い込みとなり、飲酒行動に大きく影響するようになっている人には、認知の歪みがあると考えられます。また、アルコール依存症の人は、自分がアルコール依存症であると認めないことがほとんどです。これも認知の歪みですね」（木村氏）

自分の飲酒問題を過小評価したり、自分の飲酒行動を正当化するような認知パターンがあれば要注意だ。なんだか自分にも思い当たる節があるような……。

ではその問題となる認知パターンは、どうやって修正していくのだろう？

「アルコール依存症の認知行動療法では、**5～6人程度のグループ**で行うものが主流です。まずグループの中で、飲酒に対する自分の認知パターンについて、それぞれ振り返っていただきます。先ほどの例でいうと、お酒でストレスを解消していたつもりだったが、実際には飲み過ぎて体調が悪くなり、さらにストレスがたまっていたことに気づいたり。また、飲まないと人付き合いできないと思っていたけれども、みんなでワイワイやるのが楽しいので必ずしもお酒は必要なかった、と気づくこともあります。別の側面に自分自身で気づいてもらうことによって、行動を変えていくきっかけとなるのが、この治療法の特徴です」（木村氏）

なるほど、医師が患者を誘導するのではなく、「**患者本人に気づかせる**」というところが重要なようだ。

また久里浜医療センターでは、「ミーティングだけでなく、お酒のメリット、デメリットを紙に書き出す方法をとることもある」と木村氏。実際、文字にしてみると、目を背けていた酒のデメリットが可視化されていく。試しに筆者もやってみたところ、メリットは「コミュニケーションが円滑になる」「気分が上がる」などメンタル的なものであるのに対し、デメリットは「中性脂肪が上がる」「太りやすくなる」といった健康に直結するものが目立った。

書き出してみると、確かに「少し酒量を控えようかな……」と思うようになり、行動を変える気にもなる。

5つのステージで行動変容

さて、次は動機付け面接法だ。「動機付け」とは、心理学用語で「ある目的や目標のために行動を起こし、それを達成するまで行動を持続させるための過程や機能」のことで、英語で言えば「モチベーション」だ。この「動機付け」のついた「面接法」とはいったいどんなものなのだろう？

「動機付け面接法とは、患者自身が行動変容を起こし、その行動を継続させるため、面接によって段階に合わせた介入を行う治療法です。回復の間には、5つのステージがあります。行動を変えようと思っていない『前熟考期』から始まり、行動を変える意図はあるがすぐに行動に移す気はない『熟考期』、1カ月以内に行動を変化させる意図がある『準備期』、すでに行動に変化が生じている『実行期』、そして6カ月以上行動を維持している『維持期』です」（木村氏）

前熟考期（無関心期）
6カ月以内に行動を変える意図がない
▼
熟考期（関心期）
6カ月以内に行動を変える意図がある
▼
準備期
1カ月以内に行動を変える意図がある
▼
実行期
行動を変えて6カ月未満
▼
維持期
行動を変えて6カ月以上

重要なのは、認知行動療法と同様に、「本人の意志で行動を変える」ことにある。

「私たち医師は、患者さんの意向を聞き、それに合わせたアプローチを用いて面接を行っていきます。動機付け面接法の前半は患者さんの『考え方』へ働きかけ、後半は『行動』へ働きかける、と言えます」（木村氏）

動機付け面接法は、５つのステージを経て行動変容を起こし、維持させていくトランスセオリティカルモデル（行動変容段階モデル）に基づいている。このモデルはもともと、禁煙指導のために開発されたものだが、ダイエットや運動などさまざまな分野で用いられている。

木村氏によると、この治療法は「当初はうまくいかなくても、継続しているうちに改善していくことが多い」という。

ロールプレイングで練習する

そして3つ目の治療法が、コーピングスキルトレーニングである。

「コーピングとは、ストレスのある状態に対処する行動を指します。具体的には、酒席に誘われたときや、コンビニでお酒を見かけたときなど、飲みたいという衝動に結び付くストレスへの対処法を、グループで集まって考えます。例えば、お酒が飲みたくなったときに、代わりに炭酸水を飲む、ガムを噛む、といった感じです。また、酒席に誘われたときにどうやって断るかを、ロールプレイングで練習することもあります」（木村氏）

グループで行うことにより、ほかの人の考え方が分かり、またモチベーションを保ちやすくなる、といったメリットがあるという。

確かに、こういった対処法を学んでおけば、余計な飲酒を食い止めることができそうだ。断酒または減酒という、同じ目標を持った人たちと一緒に行うことで、続けやすくなるだろう。

再飲酒してしまうのは5割

久里浜医療センターでは、ここまで挙げた3つの心理・社会的な治療法を組み合わせた、独自のアルコール依存症の集団治療法のプログラム「GTMACK」を用いた治療も行っている。

「GTMACKは独自のワークブックを用いて行う全13回のプログラムです。治療期間は3カ月。患者さんの健康状態によっては、最初は入院する場合もあります。まず、自分のアルコール問題がどんな状態にあるかを客観視するため、飲酒習慣のスクリーニングテストである『AUDIT』で自己評価してもらいます。次にお酒のメリット、デメリットを考えてもらい、認知の歪みを正し、行動を自ら変えていきます。さらに、どんな状態のときにお酒が飲みたくなるのか、危険な状況を想定し、対処法を学びます」（木村氏）

GTMACKは、どの医師が行っても同じように治療できるのが特徴だという。木村氏によると、アルコール依存症の治療で「断酒」を目的としてGTMACKに参加した人を予後調査すると、「全く飲んでいない人」は30％で、「飲んだけどまた止めた」「ときどき飲む」は20％、残り50％はスリップ（再飲酒）してしまうという。

「スリップしてしまう人は、離婚や失職などによって不安を抱えた人が多い」と木村氏。「孤独」と「暇」により酒に逃げ場を求めてしまう人は多いようだ。加えて、うつ病などの精神疾患も、再飲酒に大きな影響を及ぼすという。

AUDITをやってみよう

さて、ここまで、アルコール依存症の心理・社会的な治療法について紹介してきた。それでは、「病院を受診するほどではないが、自分のアルコールの問題がちょっと気になる」という人にとって、自分の行動を変えて、アルコール依存症にならないようにするための方法はないものだろうか？

「まずは、自分の飲酒の状況を把握するために、AUDIT（＊2）をやってみたり、ダイエット記録アプリなどで飲酒量を記録したりすることをお勧めします。飲酒について客観視することが第一歩です。減酒のためには、お酒以外で趣味を見つけるのもいいでしょう。特に**運動**は、『暇』もつぶれ、健康促進にもつながるのでお勧めです。1人で続けるのが不安なら、同じ問題を抱える『自助グループ』に参加するのもいいでしょう。今はオ

ンラインで参加できるグループもあります」（木村氏）
また、病院はハードルが高いと思われがちだが、今は減酒外来という選択肢があり、かなり受診しやすくなっている。「入院せず、外来で治療できる方法もいろいろとありますので、気軽に受診してもらえたらと思います」（木村氏）
実は筆者は、通信制の大学で心理学を学び、認定心理士の資格を取得したという経緯がある。そのため、今回話を伺ったアルコール依存症の心理・社会的な治療法については、非常に興味深かった。
酒飲みであれば誰もが「1日でも長く健康で酒をおいしく飲みたい」と願うだろう。それをかなえるためには、酒量のコントロールが不可避である。まずは、自分の飲酒の状態を客観的に把握し、病院で行われている心理・社会的な治療法のいいとこどりをして、自力で減酒にトライしてみてはどうだろう。

参考文献

第1章

＊1 厚生労働省 e-ヘルスネット「アルコール酩酊」
https://www.e-healthnet.mhlw.go.jp/information/dictionary/alcohol/ya-020.html

＊2 "Associations between alcohol consumption and gray and white matter volumes in the UK Biobank" Nat Commun. 2022 Mar 4;13(1):1175.

＊3 公益財団法人長寿科学振興財団 健康長寿ネット「脳の形態の変化」
https://www.tyojyu.or.jp/net/kenkou-tyoju/rouka/nou-keitai.html

第2章

＊1 厚生労働省「健康に配慮した飲酒に関するガイドライン」
https://www.mhlw.go.jp/stf/newpage_38541.html

＊2 "Effect of provision of non-alcoholic beverages on alcohol consumption: a randomized controlled study" Yoshimoto et al. BMC Medicine. 2023;21:379.

＊3 "Combined impact of healthy lifestyle factors on colorectal cancer: a large European cohort study" BMC Med. 2014 Oct 10;12:168.

＊4 "Meta-analysis of 16 studies of the association of alcohol with colorectal cancer" Int J Cancer. 2020 Feb 1;146(3):861-873.

＊5 "Body mass index, body height, and subsequent risk of colorectal cancer in middle-aged and elderly Japanese men and women: Japan public health center-based prospective study" Cancer Causes Control. 2005 Sep;16(7):839-50.

＊6 "Red meat intake may increase the risk of colon cancer in Japanese, a population with relatively low red meat consumption" Asia Pac J Clin Nutr. 2011;20(4):603-12.
＊7 "No association between fruit or vegetable consumption and the risk of colorectal cancer in Japan" Br J Cancer. 2005 May 9;92(9):1782-4.
＊8 "Impact of Hypertension and Subclinical Organ Damage on the Incidence of Cardiovascular Disease Among Japanese Residents at the Population and Individual Levels" Circ J. 2017; 81: 1022-1028.
＊9 "Alcohol consumption and breast cancer risk in Japan: A pooled analysis of eight population-based cohort studies" Int J Cancer. 2021 Jun 1;148(11):2736-2747.
＊10 "Alcohol intake as a risk factor for fracture" Osteoporos Int. 2005; 16:737-42.
＊11 "Chronic Pancreatitis and Pancreatic Cancer Risk: A Systematic Review and Meta-analysis" Am J Gastroenterol. 2017; 112(9): 1366-72.

第3章

＊1 日本肝臓学会「ＦＩＢ‐４ ｉｎｄｅｘ計算サイト」
https://www.jsh.or.jp/medical/guidelines/medicalinfo/eapharma.html

第5章

＊1 "Recent trends in the prevalence and distribution of colonic diverticula in Japan evaluated using computed tomography colonography" World J Gastroenterol. 2021 Jul 21;27(27):4441-4452.
＊2 "Alcohol and smoking affect risk of uncomplicated colonic diverticulosis in Japan" PLoS

One. 2013 Dec 10;8(12):e81137.

第6章

＊1 "Associations of semaglutide with incidence and recurrence of alcohol use disorder in real-world population" Nature Communications. 2024;15:4548.

第7章

＊1 "Skin accumulation of advanced glycation end products and lifestyle behaviors in Japanese" Anti-Aging Medicine. 2012;9(6):165-173.

＊2 鼻アレルギーの全国疫学調査２０１９（１９９８年、２００８年との比較）日耳鼻．2020;123(6):485-490.

＊3 "A prospective study of risk factors for erectile dysfunction" J Urol. 2006; 176: 217-221.

＊4 "Effect of lifestyle changes on erectile dysfunction in obese men: a randomized controlled trial" JAMA. 2004; 291: 2978-2984.

＊5 "Frequent nut consumption and decreased risk of cholecystectomy in women" Am J Clin Nutr. 2004;80:76-81.

第8章

＊1 "Chronic Pancreatitis and Pancreatic Cancer Risk: A Systematic Review and Meta-analysis" Am J Gastroenterol. 2017; 112(9): 1366-72.

＊2 久里浜医療センターのホームページ「ＡＵＤＩＴ」
https://kurihama.hosp.go.jp/hospital/screening/audit.html

取材先一覧（登場順）

肥田崇（ひだ たかし）

ユーロフィン QKEN おいしさコンサルティンググループマネージャー

長崎国際大学 健康管理学部 健康栄養学科 助手。キューサイ株式会社 福岡こうのみなと工場 品質管理係、キューサイ分析研究所 検査部（異物分析チーム）を経て、キューサイ分析研究所 おいしさコンサルティンググループを立ち上げる。2023 年 1 月よりユーロフィン QKEN 株式会社コンサルティング部 おいしさコンサルティンググループに所属、現在に至る。

柿木隆介（かきぎ りゅうすけ）

自然科学研究機構生理学研究所 名誉教授

国立大学法人総合研究大学院大学 名誉教授

順天堂大学医学部 客員教授

1953 年生まれ、福岡県福岡市出身。臨床脳研究の第一人者。日本神経学会専門医。九州大学医学部卒業後、神経難病の解明を目指し神経内科医となる。その後、より深い次元で人間の脳機能を研究するためロンドン大学医学部神経研究所などを経て、39 歳より岡崎国立共同研究機構生理学研究所（現・自然科学研究機構）教授。著書に『脳にいいこと 悪いこと大全』(文響社)、『記憶力の脳科学』(大和書房)、『読むだけでさみしい心が落ち着く本』(日本実業出版社) など多数。

吉本尚（よしもと ひさし）

筑波大学健幸ライフスタイル開発研究センター センター長

筑波大学医学医療系 地域総合診療医学 准教授／附属病院 総合診療科

2004 年筑波大学医学専門学群（当時）卒業。北海道勤医協中央病院、岡山家庭医療センター、三重大学家庭医療学講座を経て、2014 年から筑波大学で勤務。東日本大震災を契機に「WHO のアルコール関連問題のスクリーニングおよび介入に関する資料」を翻訳するなど、アルコール問題に本格的に取り組み始める。アルコール健康障害対策基本法推進ネットワークの幹事として、プライマリ・ケアを担当する立場からアルコール対策に関わる。日本プライマリ・ケア連合学会認定家庭医療専門医・家庭医療指導医。2014 年 10 月、第 3 回「明日の象徴」医師部門を受賞。

小泉浩一（こいずみ こういち）
都立駒込病院 消化器内科
1984年、山形大学医学部卒業。消化器内科、特に大腸疾患の診断・治療、大腸がんの内視鏡治療が専門。癌研究会付属病院（現・がん研有明病院）内科、スウェーデン カロリンスカ病院内視鏡部、都立駒込病院消化器内科部長などを経て、2021年4月より東京都立多摩北部医療センター副院長。

山岸良匡（やまぎし かずまさ）
順天堂大学大学院医学研究科 公衆衛生学 教授
茨城県出身。2000年筑波大学医学専門学群（現・医学類）卒業、2003年筑波大学大学院博士課程修了。医師、博士（医学）、社会医学系専門医・指導医。筑波大学講師、准教授、ミネソタ大学客員講師などを経て、2019年より筑波大学医学医療系社会健康医学教授。2024年より現職。脳卒中などの生活習慣病の予防実践と疫学研究が専門。

真栄里仁（まえさと ひとし）
独立行政法人国立病院機構 琉球病院 副院長
1996年群馬大学卒業、同年沖縄県立中部病院卒後臨床研修入職、1998年琉球大学医学部精神科入局、2000年沖縄県立宮古病院精神科赴任、2003年国立久里浜病院（現・久里浜医療センター）赴任、2022年より精神科診療部長。2023年6月より現職。専門は、アルコール依存症薬物療法、大量飲酒者への減酒指導、アルコール政策、アルコール関連社会問題。

花田敬士（はなだ けいじ）
JA尾道総合病院 副院長
広島大学大学院医学系研究科博士課程内科学専攻修了。医学博士。JA尾道総合病院内科部長・内視鏡センター長、広島大学医学部・臨床教授などを経て、2021年より現職。膵臓がんの早期発見を目指して「尾道方式」と呼ばれる膵臓がん早期診断プロジェクトを立ち上げ、膵臓がん患者の生存率の向上に取り組んでいる。その功績により、2023年に第75回保健文化賞を受賞。最新の著書に『命を守る「すい臓がん」の新常識』（日経BP）。

野口緑（のぐち みどり）
大阪大学大学院医学系研究科 公衆衛生学 特任准教授
1986年、兵庫県尼崎市役所入庁。2000年から総務局職員部係長として、メタボに着目した独自の保健指導で実績を上げ、「スーパー保健師」として注目される。環境市民局課長、市民協働局部長、企画財政局部長を歴任し2020年退職。2013年から大阪大学大学院招へい准教授、現在は大阪大学の特任准教授として、生活習慣病予防、保健指導介入の効果や手法の研究を行う。医学博士。著書に『健康診断の結果が悪い人が絶対にやってはいけないこと』(日経BP)。

泉並木（いずみ なみき）
武蔵野赤十字病院 名誉院長
1978年、東京医科歯科大学医学部卒業後、同大学第二内科に入局。1986年より武蔵野赤十字病院内科副部長、同消化器科部長、同副院長を歴任し、2016年院長に就任。C型肝炎ウイルスが発見される以前からインターフェロン治療に取り組み、肝がんのラジオ波熱凝固療法で世界的にも知られている。日本肝臓学会肝臓専門医、日本消化器病学会消化器病専門医。

浅部伸一（あさべ しんいち）【監修者】
肝臓専門医
東京大学医学部卒業、東大病院・虎の門病院・国立がんセンター等での勤務後アメリカに留学。帰国後は、自治医科大学附属さいたま医療センター消化器内科講師・准教授。その後、製薬会社に転じ、新薬開発等に携わっている。実地医療に従事するとともに、肝臓やお酒に関する記事・書籍等の監修・執筆やがんの予防・最新治療についての講演も行っている。医学博士、消化器病専門医、肝臓専門医。著書に『長生きしたけりゃ肝機能を高めなさい』など。お酒が好きで、日本酒・ワイン・ビールなど幅広く楽しんでいる。アシュラスメディカル株式会社所属。

中野ジェームズ修一（なかの ジェームズ しゅういち）
米国スポーツ医学会認定運動生理学士／フィジカルトレーナー
フィジカルを強化することで競技力向上やけが予防、ロコモ・生活習慣病対策などを実現する「フィジカルトレーナー」の第一人者。多くのアスリートから支持を得て、2014年からは青山学院大学駅伝チームのフィジカル強化指導も担当。早くからモチベーションの大切さに着目し、日本では数少ないメンタルとフィジカルの両面を指導できるトレーナーとしても活躍。東京・神楽坂の会員制パーソナルトレーニング施設「CLUB 100」の技術責任者を務める。『医師に「運動しなさい」と言われたら最初に読む本』『すごい股関節』（いずれも日経BP）などベストセラー多数。

藤原純子（ふじわら じゅんこ）
防府消化器病センター 消化器内科部長
1996年、高知医科大学医学部卒。がん・感染症センター都立駒込病院で、多くの食道がん、咽頭がんの内視鏡診療に携わる。2018年より現職。専門は消化管の内視鏡診断・治療。日本消化器内視鏡学会専門医・指導医、日本消化器病学会専門医・指導医、日本食道学会食道科認定医、がん治療認定医。

井手直行（いで なおゆき）
ヤッホーブルーイング代表取締役社長
1967年生まれ。国立久留米高専を卒業後、電気機器メーカー、広告代理店などを経て、1997年ヤッホーブルーイング創業時に営業担当として入社。地ビールブーム終焉の後、再起をかけ2004年楽天市場店の店長としてネット通販事業を軸にV字回復を実現。2008年より現職。フラッグシップ製品「よなよなエール」を筆頭に、個性的なブランディング、ファンとの交流にも力を入れ、クラフトビールメーカー国内約800社の中でシェアトップ。

小川渉（おがわ わたる）
神戸大学大学院医学研究科 糖尿病・内分泌内科学部門教授
1984年、神戸大学医学部卒業。1991年よりスタンフォード大学分子薬理学ポストドクトラルフェローとして留学。1997年から神戸大学医学部内科学第二講座助手、糖尿病内分泌内科学分野准教授などを歴任。

慶田朋子（けいだ ともこ）

銀座ケイスキンクリニック 院長／医学博士

1999年、東京女子医科大学医学部医学科卒業。東京女子医科大学皮膚科助手、都内皮膚科・美容クリニック勤務を経て、2011年に銀座ケイスキンクリニック開設。日本皮膚科学会認定皮膚科専門医。日本レーザー医学会認定レーザー専門医。著書に『女医が教えるやってはいけない美容法33』（小学館）など。

大久保公裕（おおくぼ きみひろ）

日本医科大学大学院医学研究科 頭頸部感覚器科学分野 教授

1984年、日本医科大学卒業。1988年、同大学院耳鼻咽喉科卒業。1989～1991年、アメリカ国立衛生研究所（NIH）留学。帰国後、1993年から日本医科大学医学部講師、准教授を経て、2010年より教授。花粉症、特に舌下免疫療法など、新しいアレルギー性鼻炎の治療法の研究・治療に当たっている。日本アレルギー協会理事。

辻村晃（つじむら あきら）

順天堂大学医学部附属浦安病院泌尿器科 教授

1963年生まれ。兵庫医科大学卒業。米ニューヨーク大学留学後、大阪大学医学部附属病院教授、順天堂大学医学部附属浦安病院泌尿器科先任准教授などを経て、2017年より現職。日本生殖医学会生殖医療専門。日本性機能学会専門医。日本アンドロロジー学会理事長。日本生殖医学会副理事長。日本性機能学会副理事長。日本メンズヘルス医学会理事。Dクリニック東京で男性更年期、男性妊活の外来を担当する。

井上裕之（いのうえ ひろゆき）

独立行政法人国立病院機構 久里浜医療センター 歯科医長

神奈川歯科大学卒業。神奈川歯科大学全身管理歯科学講座障害者歯科学分野特任講師。日本障碍者歯科学会 認定医／元評議員。日本口腔ケア学会元評議員。日本小児歯科学会 元認定医。

山中寿（やまなか ひさし）
東京女子医科大学 学長
1954年、滋賀県生まれ。1980年、三重大学医学部卒業。1983年、東京女子医科大学附属膠原病リウマチ痛風センター助手。1985～1988年、米国スクリプス・クリニック研究所研究員。東京女子医科大学附属膠原病リウマチ痛風センター所長、山王メディカルセンター院長を経て、2024年11月から東京女子医科大学学長。

森俊幸（もり としゆき）
杏林大学肝胆膵外科客員教授／佼成病院外科部長
介護医療院ユニット菜の花施設長
1980年、東北大学医学部卒業。虎の門病院外科レジデント、東京大学第一外科（現 腫瘍外科・血管外科）、埼玉医科大学川越医療センター救急センター、カリフォルニア大学サンフランシスコ校外科などを経て、1995年、杏林大学外科教授。2021年より現職。

山下武志（やました たけし）
公益財団法人心臓血管研究所 名誉所長
1986年東京大学医学部卒業。大阪大学医学部第二薬理学講座、東京大学医学部循環器内科を経て2000年から心臓血管研究所。不整脈、特に心房細動診療の第一人者であり、医療従事者への講演はもちろん、患者への啓発活動にも精力的に取り組む。『誰でもスグできる！不整脈と心臓病の不安をみるみる解消する200％の基本ワザ』（日東書院本社）など著書多数。

木村充（きむら みつる）
独立行政法人国立病院機構 久里浜医療センター 副院長
1995年慶應義塾大学医学部卒、同大学病院精神神経科に入局。1996年より国立久里浜病院（現・久里浜医療センター）精神科、2010～2012年米国国立アルコール乱用・依存症研究所 客員研究員。専門はアルコール依存症の治療。医学博士。精神科専門医。

【著者略歴】
葉石かおり（はいし かおり）
1966年生まれ。日本大学文理学部独文学科卒業。ラジオレポーター、女性週刊誌の記者を経てエッセイスト・酒ジャーナリストに。「酒と心身の健康」「酒と料理のペアリング」を核に執筆。2024年、京都橘大学健康科学部心理学科（通信）を卒業し、認定心理士の資格を取得。「一生健康で飲む」「酒育」をテーマに、各自治体や企業において社内研修や講演活動を行う。2025年より国税審議会委員に就任。主な著書に『酒好き医師が教える最高の飲み方』『名医が教える飲酒の科学』『生涯お酒を楽しむ操酒のすすめ』など多数。

なぜ酔っ払うと酒がうまいのか

2025年3月17日　第1版第1刷発行

著者	葉石かおり
監修	浅部伸一
発行者	松井 健
発行	株式会社日経BP
発売	株式会社日経BPマーケティング
	〒105-8308　東京都港区虎ノ門4-3-12
装丁	井上新八
編集	竹内靖朗
DTP	ISSHIKI
校正	藤田玲子
印刷・製本	大日本印刷株式会社

ISBN　978-4-296-20749-7

本書籍に関するお問い合わせ、ご連絡は下記にて承ります。
https://nkbp.jp/booksQA